RAPPORT

SUR LES

MINES D'ALLAH-VERDI, TCHAMLOUCK, AKTALA

(Caucase)

PAR

M. ADRIEN BRALY

INGÉNIEUR CIVIL DES MINES

PARIS

OCTOBRE 1897

RAPPORT

SUR LES

MINES D'ALLAH-VERDI, TCHAMLOUCK, AKTALA

(Caucase)

PAR

M. ADRIEN BRALY

INGÉNIEUR CIVIL DES MINES

PARIS

OCTOBRE 1897

RAPPORT

SUR LES

MINES D'ALLAH-VERDI, TCHAMLOUK, AKTALA

Appartenant à la

SOCIÉTÉ DES MINES D'AKTALA

GÉNÉRALITÉS

ALLAH-VERDI. — TCHAMLOUK. — AKTALA

SITUATION GÉOGRAPHIQUE

Voies de communication.

Plan n° 1. — Les concessions d'Aktala, Tchamlouk, Allah-Verdi, sont situées à 80 kilomètres au sud de Tiflis, dans le gouvernement de ce nom, et appartiennent au massif montagneux du « Lalvar » dont le point culminant est à 2,559 mètres d'altitude.

Une chaussée relie Tiflis à Aktala en passant par Choulavéri, chef-lieu du district administratif dont ces mines dépendent, et par les villages tartares de Sadaklb et d'Aïroum.

Cette chaussée se prolonge en suivant la rivière Débéda jusqu'au pont de Sanaïn (100 kilomètres de Tiflis), et de là, par un chemin praticable aux petits arbas à buffles du pays, on peut facilement atteindre Allah-Verdi, qui est éloigné à vol d'oiseau de ce point de 3 verstes et qui se trouve à une altitude de 400 mètres supérieure.

Des chemins muletiers relient par la montagne Allah-Verdi, Tchamlouk, Aktala.

Une route charretière même a été spécialement tracée à travers la montagne pour relier directement Allah-Verdi à Tiflis. Elle s'amorce, sur la chaussée, près de Sadaklo, traverse le village tartare de Pourrout, puis de là, par de nombreux lacets, elle aboutit sur les plateaux qui dominent Allah-Verdi.

Cette route, exécutée dans le but de faciliter les transports, n'a plus maintenant qu'un intérêt secondaire, étant donné que le chemin de fer qui relie Tiflis à Kars, et qui suit la gorge de la Débéda, passera près du pont de Sanaïn, c'est-à-dire à proximité d'Allah-Verdi, permettant d'obtenir fournitures et matières premières à des conditions économiques inconnues jusqu'à ce jour.

Esquisse rapide de la géologie de la région.

Tout le long de la chaussée entre Aïroum et le pont de Sanaïn, chaussée qui passe au pied du ravin d'Aktala, on peut étudier les affleurements des terrains constitutifs de la région.

Il est facile de constater que l'on se trouve en présence d'une région volcanique nettement caractéristique dont le centre est probablement le « Lalvar ».

Sur toute la longueur de la route, c'est-à-dire de la vallée de la Débéda, on peut apercevoir les puissantes coulées laviques et basaltiques qui se sont succédés et recouvertes dans les ères d'activité volcaniques, coulées horizontales dans lesquelles la Débada s'est creusé son lit.

Par places et comme types des formations inférieures, on aperçoit des tufs, brèches ou conglomérats de roches éruptives, et en quelques points, comme à Aïroum et sur le chemin de Pourrout à Allah-Verdi, le granite du dessous.

Quelques lambeaux de jurassique, presque horizontaux, occupent souvent les crêtes, c'est-à-dire semblent, au premier abord, la partie la plus élevée des formations.

Les failles sont nombreuses et des dykes de roches sombres recoupent en grand nombre les formations.

Quelques verstes avant d'arriver au pont de Sanaïn, on est frappé par les nombreuses altérations que l'on peut constater à la surface des terrains les plus anciens.

Ces altérations, d'étendue plus ou moins grande, ont des contours très irréguliers. Elles ressortent comme d'énormes taches claires, jaune rougeâtre ou gris verdâtre, sur le fond sombre de la roche encaissante, et passent insensiblement à la coloration de cette dernière.

Presque toujours, on peut y constater des cristaux de pyrite de fer, et, en quelques points, des produits oxydés de minerais sulfurés de cuivre.

Nous allons étudier successivement les trois gisements d'Allah-Verdi, de Tchamlouk et d'Aktala.

ALLAH-VERDI

Terrains encaissants.

Plans 2 et 3. — En arrivant à Allah-Verdi, dès que l'on peut jeter un coup d'œil d'ensemble sur le ravin dans lequel ce village est partiellement disposé, on perçoit nettement que le fond de ce ravin n'est autre qu'une de ces altérations dont nous avons parlé, mais altération dont l'étendue est exceptionnelle.

C'est dans cette région altérée que se trouve le gisement d'Allah-Verdi et que se sont portées principalement les recherches des anciens.

La surface est couverte partiellement par les déblais rejetés des exploitations, et l'on aperçoit par places d'anciennes haldes et des tas assez importants de scories anciennes résultant du traitement des minerais par la méthode asiatique.

Le terrain encaissant est constitué :

1° Par des roches franchement éruptives ;

2° Par les produits de remaniement de roches également éruptives, tels que tufs brèches ou conglomérats ;

3° Enfin, par des couches franchement sédimentaires.

Ces dernières ont été classées, par les fossiles qu'on y a trouvées, dans le jurassique.

Partant de la limite sud de la propriété, on constate l'existence de brèches ou tufs d'origine éruptive, à éléments de couleur vert bleuâtre, de grosseur variable et passant insensiblement à des tufs nettement andésitiques dès que l'on s'approche du village.

Ces tufs, altérés par places, sont recoupés par des dykes de roches éruptives en de nombreux points.

La partie est du ravin d'Allah-Verdi, de l'église de Saint-Jean au promontoire sur lequel se trouve l'église du village, est constituée principalement par des couches sédimentaires jurassiques, alternances de grès et de schistes argileux dont l'épaisseur doit être considérable. Elles sont en masse, sensiblement horizontales. Sur la rive ouest, ces mêmes assises sédimentaires sont visibles sur l'arête qui sépare le ravin dans lequel se trouve le village de celui où se trouve l'usine.

Un piton andésitique, d'apparence basaltiforme, constitue un peu en dessous du découvert de Gavrilovski et sur la rive droite du ravin ce que l'on a nommé : les *Orgues d'Allah-Verdi*.

Au-dessous de ce piton et jusqu'à l'usine, on constate toute une zone de conglomérats andésitiques à galets andésitiques violacés dans une pâte andésitique plutôt verdâtre.

Accidentellement, on y trouve des galets d'un dyke de roche labradorique et augitique qui existe, assez puissant, mais brisé et plissé, dans ces conglomérats.

Je dois noter que cette apparence de conglomérats pourrait bien être le résultat de l'altération ultérieure qu'aurait subie la roche andésitique. C'est un point à éclaircir.

Ces terrains, de constitutions si diverses, se rencontrent tous dans le ravin d'Allah-Verdi et on peut constater très nettement qu'ils ont tous été atteints par les phénomènes d'altération qui ont donné naissance ou aidé dans la formation du gisement.

Le gisement serait donc « post-jurassique ». Dans les tufs andésitiques, on peut constater que des paquets éboulés de couches jurassiques ont été pincés et métamorphisés.

Les constatations géologiques que j'ai faites d'autre part sur les deux versants et au fond du ravin démontrent qu'au-dessus du piton andésitique, ces mêmes couches jurassiques qui existaient primitivement horizontales ont subi, probablement en suite de la venue de cette roche au jour, un soulèvement assez considérable qui a dû les briser, donnant naissance à une faille qui épouse le fond du ravin ; faille par laquelle sont arrivées les sources hydrothermales qui ont altéré les terrains.

Je note, pour appuyer l'existence de cette cassure, que dans le travers-bancs inférieur « Niveau Saint-Jean », c'est-à-dire à 110 mètres de profondeur, j'ai trouvé des blocs appartenant aux couches jurassiques et empâtés dans l'argile d'altération.

Dans le ravin lui-même, des paquets de couches se retrouvent en grand nombre : ils épousent toutes les directions et tous les pendages.

Je joins un croquis représentant un lambeau de ces couches jurassiques métamorphisées et dont la courbure contre le pilon andésitique indique nettement que l'on se trouve en présence d'un soulèvement.

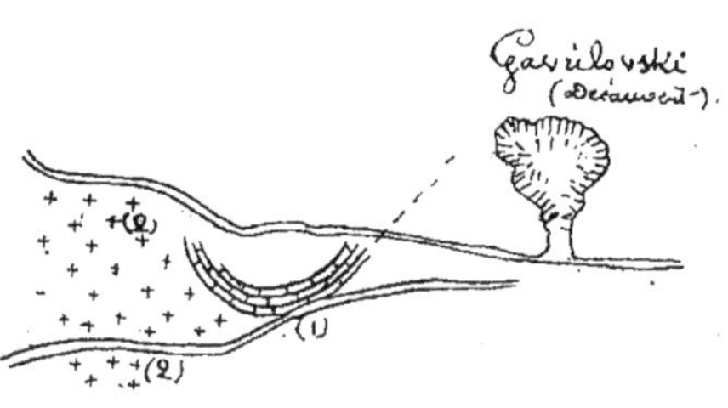

(1) Lambeau de couches jurassiques.
+ + + andésite.
+++ et
(2) +++ conglomérats andésitiques.
+++

Ce soulèvement a dû avoir des actions réflexes dans les terrains; c'est ce que j'ai constaté, car des cassures secondaires existent.

Constitution de la principale zone d'altération d'Allah-Verdi.

Comme nous l'avons dit, les sources hydrothermales, venues au jour par la faille d'Allah-Verdi, ont affecté tous les terrains constitutionnels de la région, donnant sur chacun, tout naturellement, des résultats différents.

Les argiles jurassiques sont devenues dures, siliceuses; les grès comme les tufs volcaniques ont donné naissance à des argiles rouges, jaunes ou gris bleuâtre ; les andésites et conglomérats ont également donné naissance à des argiles. En quelques points, par exemple au point α, les rognons de conglomérats sont devenus siliceux et se sont chargés en pyrite de fer.

D'après ce que nous avons pu constater en quelques points, ce sont certaines couches jurassiques qui paraissent avoir résisté le mieux aux phénomènes d'altération.

La zone d'altération d'Allah-Verdi, caractéristique par sa grande étendue, occupe une longueur que l'on peut évaluer à 2 kilomètres et, par places, sa largeur est supérieure à 500 mètres.

C'est dans cette zone, tout naturellement, que se sont portés tous les travaux anciens et c'est dans le renflement de la zone qui se limite au piton andésitique que se trouve le gisement d'Allah-Verdi.

Minéralisation de la zone d'altération. Gisement d'Allah-Verdi.

SA CONSTITUTION. — Les travaux exécutés sur 130 mètres de hauteur et sur plus de 100 mètres en direction dans ce gisement permettent de se faire une idée assez nette de sa constitution.

Toutefois, ils n'ont pas été poussés assez loin *pour délimiter la partie nord du gisement qui reste actuellement inconnue, ainsi que la partie du gisement au-dessous du dernier niveau.*

D'une façon générale, le gîte semble affecter la forme lenticulaire.

Sa direction est sensiblement N.-S., son pendage variable est à l'ouest et en moyenne de 45°.

DU TOIT. — Les travers-bancs des divers niveaux ont démontré l'existence au toit d'une zone argileuse importante d'altération du piton andésitique et des conglomérats andésitiques du dessous. Dans cette argile, ont trouve des paquets de couches jurassiques altérées, des boules de chalcopyrite ou de blende ferrifère, ayant parfois 1 mètre de diamètre et plus.

Avant d'arriver au gisement, les travers-bancs ont recoupé un dyke de roche verte, violette par places, probablement une diabase. Cette roche est séparée du gisement par une faible zone d'argile d'altération.

Elle paraît s'être élevée au jour par la faille et avoir joué un rôle important dans la formation du gisement.

Le toit proprement dit est constitué par une épaisseur de gypse quelquefois supérieure à 20 mètres, serpentineux par places et généralement pénétré de petits cristaux de pyrite de fer.

Quelquefois, le gypse est séparé du gisement proprement dit par une salbande argileuse d'épaisseur variable pouvant atteindre 1 mètre à 1.50, mais le plus souvent réduite à une épaisseur, moyenne de 0 m. 40 à 0.50 et même à quelques centimètres.

Quand la salbande atteint une certaine épaisseur, elle renferme des boules de pyrite cuivreuse ou de blende férrugineuse.

DU GISEMENT PROPREMENT DIT. — En allant du toit au mur, d'une façon générale, on rencontre les zones de minerai suivantes :

1° Zone de minerai gypseux. — C'est le minerai riche sur lequel se sont portées les exploitations grecques anciennes, et cela parce qu'il est d'abatage facile et facilement fusible.

Ce minerai est à pâte fine avec gypse feuilleté ou en écailles cristallines intercalées dans les clivages de la gangue, sa teneur est de 7 o/o en moyenne, certains échantillons peuvent atteindre une teneur de 15 à 18 o/o L'épaisseur de cette zone est très variable, le niveau Alexandrovski semble en avoir présenté une puissance de 10 mètres sur une longueur de 25 mètres près du travers-bancs n° 6.

Plus fréquemment, la puissance varie de 1 m. 50 à 2.50. Je donne ci-dessous les résultats de l'analyse d'une prise d'essai faite sur 100 tonnes environ de ce minerai :

Silice	32,19		
Sulfure de fer	58,25	*Cuivre métal*	5,62
Alumine	»	Fer, métal	27,18
Sulfate de chaux	1,745	Soufre total	32,06
Sulfure de cuivre	6,92		
Zinc et Magnésie	Traces		

Sulfate de chaux, sulfure de sinc et d'arsenic, acide phosphorique et alumine (Traces).

2° *Zone de minerai pyriteux ou « Post ».* — Ce minerai est généralement pauvre ; à teneur de 2 ou 3 o/o au maximum ; néanmoins il peut contenir des parties plus riches et utilisables soit avec des teneurs de 6 o/o.

Il est surtout riche en pyrite de fer. Il paraît constitué par un agrégat de grains de pyrite de fer réunis par un ciment serpentineux à peine visible, ce qui le rend particulièrement friable.

Sa haute teneur en fer le rend très propre au grillage. Ce minerai, par place, remplace le gypseux ou le ferrugineux dur.

Ci-dessous, je donne l'analyse d'une prise d'essai faite dans la mine sur les divers fronts de taille :

Sulfure de fer	54,67		
Silice	27,86	*Cuivre métal*	1,13
Sulfate de chaux	5,07	Fer métal	25,51
Sulfure de cuivre	1,41	Soufre total	29,44
Alumine	10,26		
Zinc et magnésie	Traces.		

3° *Zone de minerai ferrugineux dur.* — Ce minerai est de couleur gris verdâtre par transmission avec des mouches ou plages de brillante chalcopyrite. La gangue en quantité relativement faible est uniquement quartzeuse. Ce minerai est dur, se conserve bien contre l'humidité, avantage que ne présentent pas les variétés précédentes, lesquelles se convertissent en boue avec la plus grande facilité dès qu'elles sont en contact avec de l'eau. La teneur en cuivre de ce minerai paraît régulièrement comprise entre 6 et 7 o/o.

Ci-dessous, je donne l'analyse d'une prise d'essai que j'ai effectuée sur 160 tonnes de ce minerai :

Silice SiO^2	29,04		
Sulfure de fer $Fe^{s2}S$	60,008	*Cuivre métal*	7,69
Sulfure de cuivre Cu^2	9,637	Fer métal	26,94
Chaux Ca O	0,497	Soufre total	34,00
Alumine, magnésie, soude	Traces		
Acide sulfurique, chlore	Traces		
Sulfure de sinc et arsenic	Traces		

En moyenne, la puissance de cette zone est de 3 mètres.

4° Zone des minerais quartzeux. — Le minerai quartzeux forme la plus grande partie du gisement et n'a été l'objet d'aucune exploration ancienne ou actuelle, sauf au découvert de Gavrilovski, où l'on a pu obtenir par un triage soigné des minerais á 7 o/o de cuivre.

Ce minerai peut être considéré comme un quartz moucheté de pyrite de fer et de chalcopyrite, mais présentant toutefois par places des concentrations de chalcopyrite pure de la grosseur du poing et plus. Sa teneur en divers points d'un grand front de taille est donc assez variable.

On a estimé et on estime que le tout venant a une teneur moyenne de 3 o/o pour toute la zone.

Sa constitution en fait un minerai qu'il semble facile d'enrichir à la préparation mécanique.

Les travers-bancs exécutés au niveau Alexandrovski et qui ont recoupé toute la zone des minerais quartzeux n'étant plus accessibles, j'ai fait une prise d'essai sur le front du découvert de Gavrilovski. Cette prise d'essai soumise à l'analyse a donné les résultats suivants :

Silice	SiO^2	56,24		
Sulfure de fer	FeS^2	35,99	*Cuivre métal*	3,48
Sulfure de cuivre	$Cu^2 S$	4,36	Fer métal	16,76
Alumine	$Al^2 O^3$	0,97	Soufre	20,11
Magnésie	MgO	0,67		
Sulfure de zinc soude		Traces.		
Acides sulfurique phosphorique et chlore		Traces.		

Le tout-venant donnerait, j'estime, par un triage soigné, environ 15 o/o de minerai passable immédiatement à l'usine. J'ai pu trouver sur les haldes un tas de minerai résultant du triage à la main du tout-venant et voici les résultats qui ont été fournis par l'analyse de ce tas :

Silice	SiO^2 ...	40,80		
Sulfure de fer...	FeS^2	48,815	*Cuivre métal.*	7,047
Sulfure de cuivre	$Cu^2 S$ ...	8.83	Fer métal.....	23,23
Alumine........	$Al^2 O^3$ ..	0,45	Soufre........	27,85
Chaux	CaO	0,537		
Sulfure de zinc, d'arsenic.		Traces.		
Magnésie, soude..........		Traces.		
Acides Pho^2 . So^3 Cl.......		Traces.		

La puissance moyenne de la zone des minerais quartzeux est de 15 mètres.

Du mur. — Un seul travail a éclairé sur la constitution du mur, c'est le travers-bancs n° 3 du niveau Alexandrovski.

Il a été poussé de 30 mètres dans le mur et a recoupé du gypse et des argiles d'altération.

Je donne ci-dessous la coupe de ce travers-bancs, ainsi qu'elle existe dans les archives de la Compagnie.

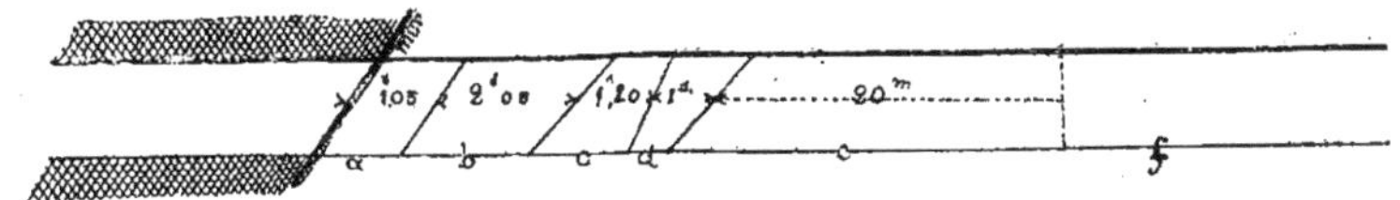

(*a*) Argile d'altération avec minerai en boules, — (*b*) Gypse. — (*c*) Argile d'altération et gypse. (*d*) (*e*) Argile d'altération. — (*f*) Banc de silice et argile avec minéralisations.

Travaux exécutés dans le gisement.

Plans 4 et 5. — Des travaux ont été exécutés dans le gisement sur 111 mètres de hauteur verticale et il a été aménagé par cinq niveaux nommés, en partant du haut : Gavrilovski, Saint-Gabriel, Saint-Pierre, Alexandrovski et Saint-Jean.

Trois seulement de ces niveaux sont accessibles. Il existe en outre des étages intermédiaires ou sous-étages, l'un entre Saint-Pierre et Alexandrovski, l'autre entre Alexandrovski et Saint-Jean, ce dernier porte le nom de Saint-Lucien.

Une descenderie, exécutée en dessous de Saint-Jean pour arriver au niveau de l'ancien travers-bancs Elline éboulé, a été attaquée au toit, poussée à une certaine profondeur. A 21 mètres au-dessous de

Saint-Jean, elle a permis l'attaque d'un niveau dit « niveau 21 » dont l'avancement peu important se poursuit actuellement vers le nord.

Nous allons examiner séparément chacun de ces niveaux en commençant par le plus élevé.

Niveau Gavrilovski (*Plan 6*). — Ce niveau, attaqué à la partie supérieure du gisement et en galerie, a permis de constater que l'amas avait une puissance minima de 25 mètres. Les travaux n'ont pas été prolongés suffisamment pour déterminer le gîte en direction et pour savoir quelle forme affecte la partie supérieure de l'amas, c'est-à-dire si elle est en dôme ou si elle suit la pente de la montagne.

Ce niveau a été, dans la suite, transformé en découvert, arrêté ensuite.

Du niveau au sommet du gîte, on peut compter sur une hauteur de 10 mètres au moins.

Après le toit gypseux, on a trouvé à ce niveau les restes du minerai plâtré riche enlevé par les Grecs, du ferrugineux, puis le quartzeux.

Au mur, il existe une zone de silice blanche poreuse appelée par les mineurs « souïa batmas ». Cette silice me paraît être une partie intégrante du gisement, partie dans laquelle les eaux superficielles ont dissous les mouches pyriteuses, ne laissant que des vides à la place.

On constate, en effet, un passage insensible de cette silice au minerai quartzeux.

Son épaisseur n'est pas connue, mais j'ai retrouvé à 20 mètres à l'est du découvert de la silice encore chargée de grains de pyrite de fer, mais plus compacte, plus noire et plus dure.

Je dois noter que dans l'éboulement qui couvre actuellement le front de taille du découvert j'ai constaté l'existence de nombreux blocs de blende noire devant provenir des argiles éboulées du toit.

Niveau Saint-Gabriel (*Plan 6*). — Situé à 15 mètres plus bas que le découvert Gavrilovski. Une cheminée relie ce niveau à Saint-Pierre, une autre à Gavrilovski.

Ce niveau est inaccessible actuellement. Je donne donc ci-dessous les renseignements fournis par les archives. Le travers-bancs du jour, après une traversée de 25 mètres dans les argiles et de 25 mètres dans le gypse du toit, est arrivé au gisement.

La galerie en direction a suivi sur 56 mètres les dépilages anciens, se tenant principalement au contact du minerai quartzeux. A l'avancement, on aurait du ferrugineux dur. Deux travers-bancs, de 15 mètres de longueur, ont pénétré dans le quartzeux, mais ont été arrêtés avant d'avoir atteint le mur.

Les travaux ne donnent donc qu'un minima de la puissance du minerai quartzeux à ce niveau.

NIVEAU SAINT-PIERRE *(Plan 7)*.—Ce niveau, qui n'a aucune sortie au jour, est plutôt un sous-étage entre Saint-Gabriel et Alexandrovski, étages avec lesquels il est relié.

Le seul travail consiste en une galerie poussée en direction et qui suit le toit dans toutes ses ondulations. Cette galerie a rencontré partout d'anciens travaux grecs dans lesquels on a constaté des blocs ou piliers de minerai ferrugineux dur en place.

Sa longueur est de 132 mètres et son front de taille serait dans le « post ».

Aucun travail n'a été fait en vue de déterminer la puissance du gisement à ce niveau.

Ce niveau est inaccessible.

Nota : Vers les 10 derniers mètres, le toit gypseux aurait disparu pour faire place à un toit plus ou moins argileux. Peut-être une salbande plus puissante (?)

NIVEAU ALEXANDROVSKI *(Plan 8)*. — Ce niveau est situé à 46 mètres au-dessous de Saint-Gabriel.

De l'entrée de ce niveau pour atteindre au gisement, on a dû traverser 180 mètres d'éboulis, d'argiles d'altération dans lesquelles on a constaté la présence de boules de pyrite, pyrrhotine et blende ferrifère, puis le gypse du toit que l'on a traversé sur une épaisseur de 21 mètres.

La galerie Alexandrovski a longé le mur de gypse sur une longueur de 145 mètres, elle a recoupé un petit filon de diabase, enfin, se maintenant au contact des anciens travaux, elle est arrivée dans une région où le plâtre passerait aux argiles. Des renseignements obtenus sur les anciens travaux et des travaux exécutés ou en cours d'exécution, il résulte que les Grecs auraient dépilé une zone de minerais plâtrés riches, de 10 mètres d'épaisseur qui s'est maintenue sur 90 mètres en direction.

Toutefois, sur 30 mètres environ, le minerai gypseux était moins puissant, mais remplacé par du quartzeux riche.

Quatre travers-bancs ont permis d'étudier la composition du gîte à ce niveau; on les désigne sous les n°s 1, 3, 6, 7.

Le travers-bancs n° 1 a suivi le contact du gypse du toit et du minerai, il a permis de constater que le gisement s'arrondit au sud.

Le travers-bancs n° 3, après avoir traversé des anciens travaux, a pénétré dans le quartzeux à 3 o/o puis, au bout de 10 mètres, est rentré dans le mur.

Le travers-bancs n° 6 a traversé 20 mètres de puissance de quartzeux à 2 o/o de cuivre, puis a été arrêté au mur.

Le n° 7 a traversé environ 10 mètres d'anciens travaux, puis a pénétré de 12 mètres seulement dans une zone de quartzeux à 3-4 o/o de teneur pouvant donner un très bon minerai de triage.

La puissance reste donc inconnue dans cette région. Il serait pourtant très intéressant de constater si le mur suit la direction déterminée par les travers-bancs 3 et 6 ou s'il se conforme aux inflexions du toit.

Un essai de dépilages par grandes tailles a été fait au Sud du travers-bancs n° 3 en (B). Les résultats fournis par cet essai ont été les suivants ainsi qu'il est indiqué aux archives (copie de lettre de M. Balas, ingénieur) :

Une sagène cubique en place a rendu 28 tonnes de minerai. Le prix de revient de la tonne de minerai trié dans le chantier d'abatage n'a pas dépassé 3 roubles.

Niveau Saint-Jean *(Plan 9)*. — Ce niveau a été attaqué à 30 mètres au-dessous du niveau Alexandrovski. Le travers-bancs a atteint le gisement à 210 mètres de l'entrée. La galerie en direction a suivi le gisement au contact du toit sur une longueur de 32 mètres, puis est venue buter contre un coin gypseux important qui s'enfonce dans le gisement. Elle a percé ce coin après une traversée de 25 mètres et est retombée à nouveau sur le vrai toit qu'elle a suivi dans tous ses détours jusqu'à 132 mètres de l'entrée.

Ce travail a permis de constater qu'à ce niveau semblent s'arrêter les anciens travaux des Grecs et que la zone riche du gisement conserve une composition identique à celle fournie par les travaux dans les autres niveaux. Toutefois, le toit s'enfléchit fortement à l'ouest.

Un niveau dit de « la Taille » a été pris au-dessus du coin gypseux dont la partie supérieure est horizontale, et, à ce niveau, deux galeries en direction ont marché simultanément au toit et au mur. L'éloignement transversal des galeries, toit et mur de la taille, c'est-à-dire la puissance du gisement à ce niveau à l'extrémité de la galerie, est de 26 mètres. La puissance du coin gypseux est inconnue et ses pendages nord et sud sont inverses.

A ces deux niveaux, il semblerait que le « post » se trouve en plus grande quantité que dans les précédents.

Entre Alexandrovski et Saint-Jean on trace actuellement un niveau intermédiaire dit « Saint-Lucien », niveau dont la galerie en direction se poursuit au toit.

NIVEAU ELLINE *(Plan 9)*. — Trente mètres plus bas que le niveau Saint-Jean, les Grecs ont exécuté un travers-bancs dit Elline, de 377 mètres, pour arriver au gisement. Ils avaient établi dans les terrains altérés une communication entre ce niveau et Alexandrovski. Ce travers-bancs est éboulé par places, ainsi que la communication.

La Société actuelle a attaqué au niveau Saint-Jean une descenderie qu'elle approfondit en suivant le contact du toit et qu'elle désire pousser jusqu'au niveau du travers-bancs Elline. Cette descenderie semblerait être tombée dans un petit accident à 15 mètres de sa recette.

Sur cette descenderie, à 21 mètres en dessous de Saint-Jean, on a pris une galerie en direction du toit, galerie dont l'avancement se poursuit au nord actuellement. Cette galerie a rencontré des zones de minerais riches intactes.

Ce niveau a été appelé « NIVEAU n° 21 ».

Estimation du gisement d'Allah-Verdi.

En résumé, de l'étude des travaux, il résulte que le gisement paraît être constitué d'une façon générale par trois zones de minerais se succédant dans l'ordre suivant en allant du toit au mur :

1° Une zone de minerais gypseux de.............. 2 mètres.

2° Une zone de minerais ferrugineux ou pyriteux de.................................... 3 —

3° Une zone de minerais quartzeux de .... 15 —

ou plus simplement en deux zones :

1° Une zone de minerais riches à 7 o/o de teneur partiellement dépilée par les anciens et de 5 mètres de puissance moyenne;

2° Une zone de minerais pauvres à 2 o/o de teneur et de 15 mètres de puissance encore vierge.

Étant donné que dans la zone des minerais riches il y a du « post », nous avons réduit son épaisseur à 4 mètres pour estimation des massifs vierges.

Le gisement d'Allah-Verdi est actuellement reconnnu sur 115 mètres de hauteur, distance verticale entre le sommet du découvert et le niveau 21.

En direction, on peut estimer que la longeur moyenne des travaux est de 118 mètres.

Gavrilovski...........	65 mètres.	Moyenne..........	118 mètres.
Saint-Pierre...........	132 —		
Alexandrovski.........	145 —		
Saint-Jean............	132 —		

Nous allons estimer le tonnage des minerais de chaque espèce renfermés dans le gisement :

1° *Estimation des minerais pauvres :*

Le minerai pauvre, ayant une densité de 3 comme l'essai de dépilage l'a démontré, nous aurons comme tonnage du quartzeux :

$$118 \times 115 \times 15 \times 3 = 610{,}650 \text{ tonnes.}$$

Mais, comme il pourrait se trouver des parties stériles dans ce minerai, peu étudié par les travaux, ou que l'essai de dépilage se soit produit dans un chantier un peu riche, nous réduisons à 350,000 tonnes les 610,000 qui résultent de l'estimation.

Sur ces 350,000 tonnes, par un triage soigné, on pourrait retirer, nous l'avons dit, 15 o/o, c'est-à-dire 350,000 × 0.15 = 50,000 tonnes environ de quartzeux à 7 o/o de teneur.

2° *Estimation des minerais riches :*

Quant aux minerais riches, leur estimation ne peut se faire par le calcul, étant donné que l'on reprend des travaux anciens la plupart du temps.

Néanmoins, tenant compte de tous renseignements fournis par le personnel ancien qui a suivi les travaux dès les débuts, tenant compte des constatations que les travaux permettent de faire, nous pouvons dire, approximativement, qu'il existe encore un minimum de 50,000 tonnes de minerai à prendre et répartir comme l'indique le plan ci-joint. (*Plan n° 4*).

Ce chiffre est minimum, car il correspondrait à supposer que l'épaisseur des minerais riches restant dans les anciens travaux et dans les massifs vierges est inférieure à 1 mètre, ce qui ne peut être vrai, car les Grecs n'ont presque pas touché au ferrugineux. Nous aurions, en effet, la densité de ces minerais étant de :

$$118 \times 115 \times 4 \times 1 = 54{,}280 \text{ tonnes.}$$

Notre chiffre de 50,000 tonnes sera donc un minimum.

En résumé, les travaux actuels — et ils sont loin de permettre de déterminer exactement la richesse du gisement, inconnu tant en direction qu'en profondeur — démontrent l'existence d'un tonnage très minima de :

100,000 tonnes de minerai à 7 o/o de cuivre;
300,000 tonnes de minerai à 2 o/o de cuivre minimum.

Recherches diverses exécutées dans la zone d'altération.

Des attaques ont été faites sur divers points de la zone d'altération ; elles ont été ou arrêtées par l'eau ou abandonnées, leurs résultats paraissant insignifiants ou leur prix trop élevé.

On trouve en certains points, à leur voisinage, les haldes du triage dans lesquelles on peut, par places, trouver les échantillons des minerais extraits.

En (1), *voir plan n° 2*, une attaque paraît avoir donné un minerai complexe dont la blende noire ferrifère est l'élément principal.

Une prise d'essai faite sur les haldes a donné l'analyse suivante :

Sulfure de zinc	43.48	Zinc métal	29.07
Sulfure de fer	17.53	Plomb métal	14.45
Sulfure de plomb	16.80	Fer métal	8.18
Sulfure de cuivre	4.71	*Cuivre métal*	3.76
Silice	16.75		

Silice, sulfure d'arsenic, acide phosphorique, alumine, sulfate de chaux et magnésie : Traces.

Cette blende noire à grain très fin me paraît être la même que celle rencontrée en boules au toit et au mur du gisement. La galène et la chalcopyrite se rencontrent accessoirement dans ce minerai et principalement en mouches.

En (2), une autre attaque en descenderie a donné du minerai contenant 11 o/o de cuivre et 550 grammes d'argent à la tonne. Le minerai est principalement un cuivre gris avec accessoirement blende, galène et chalcopyrite.

En (3), il existe une autre attaque dont les résultats me sont inconnus.

Il me semblerait que toutes ces recherches sont tombées sur des lentilles ou des boules minéralisées de peu d'importance, empâtées dans leurs terrains d'altération.

Mais c'est surtout la partie de la zone d'altération comprise entre Nadiejda et l'usine qui me paraît présenter le plus d'intérêt. Là, en effet, la zone d'altération est aussi importante que celle qui renferme le gisement d'Allah-Verdi. Le piton de conglomérats andésitiques (α) est chargé de cristaux de pyrite de fer et du gypse en cristaux peut y être remarqué.

Il me semble qu'il y beaucoup de probabilités pour qu'une recherche en ce point donne de bons résultats.

NADIEJDA. — *Plan 2.* — La galerie dite de « Nadiejda » a été prise pour suivre une cassure peu puissante, dans laquelle on a trouvé, m'a-t-on dit, de la chalcopyrite presque pure.

Zones d'altération secondaires.

Parallèlement à la grande zone d'altération, nous avons une zone d'altération secondaire de 1 m. 50 de largeur moyenne, mais qui se suit sur plusieurs kilomètres, en passant sous le village. Elle se perd dans le ravin de l'usine. Cette zone d'altération est jalonnée par d'anciennes attaques et, en (4), j'ai constaté sur halde de la chalcopyrite en mouches dans une gangue principalement barytique.

Certaines de ces attaques mériteraient d'être ouvertes.

En d'autres points de la concession, on constate également que les terrains sont altérés sur de plus ou moins grandes étendues.

Exploitation actuelle.

Le système d'exploitation actuelle consiste à dépiler les minerais laissés par les Grecs dans les anciens travaux, à abattre également ces mêmes minerais riches dans les endroits de la mine où ils sont les plus facilement exploitables ou les plus riches dans le moment et cela, souvent sans remblais, mais de façon à réaliser une production mensuelle de 300 tonnes.

On poursuit, comme travaux préparatoires, les avancements de Saint-Jean, de la Taille et l'approfondissement du puits Elline.

L'entretien des travaux, de tout temps, a été subordonné aux sommes dont on pouvait disposer, ce qui a toujours réduit ce chapitre à des minimums.

En un mot, et comme des rapports précédents l'ont excellemment fait ressortir, on a perdu, jusqu'à ce jour, tout le bénéfice de l'exploitation d'un gros gisement, et, même dans l'exploitation actuelle, l'exploitation sans remblai et l'abandon des travaux sans entretien, puis leur reprise a toujours grevé l'exploitation de frais onéreux.

On n'avait, d'ailleurs, pas tenu compte jusqu'à ces dernières années que la solidité du toit gypseux, son imperméabilité aux eaux, la facilité avec laquelle on peut le travailler en faisaient par excellence la roche où devaient s'exécuter les travaux d'aménagement ou d'avenir, et qu'ainsi établis ces ouvrages ne nécessiteraient, pour ainsi dire, ultérieurement, aucune dépense d'entretien.

La méthode suivie jusqu'à ce jour, c'est-à-dire l'exploitation désordonnée, souvent sans remblais, amènerait fatalement la ruine de l'affaire, si elle se continuait, ou rendrait la reprise d'une exploitation rationnelle extrêmement difficile et coûteuse.

Etat des travaux. — Je vais décrire ci-dessous, pour indiquer le résultat de ce système, dans quelles conditions se trouvent actuellement les cinq niveaux qui ont été créés pour aménager la mine.

Le *découvert de Gavrilovski* est partiellement recouvert par des éboulements provenant des argiles qui recouvrent le gisement.

La *galerie Saint-Gabriel*, tracée dans les anciens travaux et inaccessible actuellement, est à refaire et doit être tracée dans le gypse.

La *galerie Saint-Pierre* est à relever sur la moitié de la longueur et sur l'autre moitié des éboulements se sont produits. Cette galerie est inaccessible.

La *galerie Alexandrovski* est affaiesée de 1 m. 80 dans le milieu, entre les deux puits, car elle a été tracée dans les anciens travaux ; elle doit être à nouveau refaite dans le gypse.

La *galerie Saint-Jean* est en bon état, ainsi que le sous-étage Saint-Lucien.

Le *courant d'air* qui existe entre Alexandrovski et le jour, comme

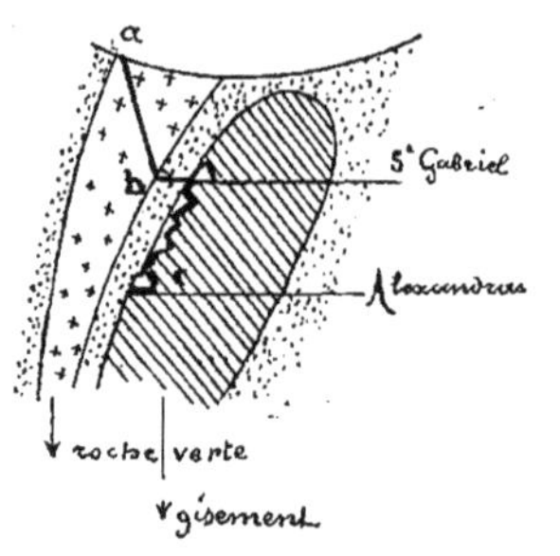

(*a*, *b*, *c*) Courant d'air.

l'indique le croquis ci-contre, ayant été tracé dans les vieux travaux entre Saint-Gabriel et Alexandrovski, est en mauvais état dans cette région.

Prix de revient actuels. — Avec les conditions d'exploitation que j'ai indiquées, nous allons voir quels ont été les prix de revient de la tonne de minerai sur le carreau (je note que c'est le prix de la tonne de minerai d'usine — les résidus du triage de teneur inférieure à 6 o/o, post ou quartzeux, étant impitoyablement jetés au remblai après triage).

Les prix de revient de 1895 ne tenant pas compte des frais généraux et des amortissements, je n'en parlerai donc pas.

En 1896, l'exploitation a donné 2,455 tonnes de minerai dont le prix de revient moyen a été de *8 r. 80* la tonne. Les dépenses ont été les suivantes :

49 o/o	Main-d'œuvre, explosifs, éclairage	10.980r 05
9 o/o	Triage	1.899 20
5	Frais généraux spéciaux (charpentier, surveillance, etc.)	1.155 16
4	Frais généraux	1.025 78
2	Bois, planches, garnissage	494 74
0,5	Charbon, forge	101 43
1,5	Fournitures générales de magasin	337 74
29	Amortissement des travaux préparatoires	6.635 54
	Total	22.629r 64

Dans le premier semestre de 1897, l'extraction a été de 1,618 tonnes, le prix de revient de *8 r. 63*.

Les dépenses ont été les suivantes :

	Fournitures de magasin	1.935 94
	Charbon de forge	49 52
	Frais de main-d'œuvre	7.202 38
	Frais généraux de l'exploitation	418 93
31 o/o	Amortissement	4.364 32
	Total	13.971r 09

En général, le prix de revient jusqu'à ce jour a été de 8 roubles 50, mais dans ce prix rentrent 30 o/o de frais d'amortissement ; ces frais ne devraient pas dépasser 10 o/o.

Ce prix de revient établi sur une production faible (3,000 tonnes), ne tient en outre aucun compte des minerais de 2-3 o/o résultant du triage et qui, au lieu d'être jetés au remblai, devraient être stockés, c'est *donc un prix exceptionnellement fort.*

Reprise des travaux, exploitation rationnelle.

Prix de revient. — Avant de commencer une exploitation rationnelle du gisement, il y aura lieu de mettre les travaux d'aménagement en état et progressivement ; par conséquent, de tracer à nouveau quelques niveaux au plâtre, ce qui sera plus économique que de les entretenir perpétuellement.

En outre, remonter principalement *le couloir d'aérage* et le doubler de façon à en faire un couloir à remblais. Sa sortie au jour étant près du découvert de Gavrilovski, il est tout indiqué pour recevoir et amener à l'intérieur de la mine tous les stériles que produira le découvert du gisement et permettre de les utiliser comme remblais.

Il y a lieu également de remonter quelques cheminées ou couloirs et de construire un plan extérieur reliant tous les niveaux au niveau Elline, pour éviter des transports onéreux et des pertes de route considérables.

J'estimerai dans mes prévisions ces différentes dépenses qui, une fois faites, nous permettront de rentrer en exploitation rationnelle, c'est-à-dire d'exploiter par tranches horizontales avec remblais.

Dans ces conditions, j'estime que le prix de revient de la tonne de minerai ne dépassera jamais *quatre roubles* dans le cas d'une exploitation produisant annuellement environ *trente mille* tonnes.

Or, nous avons estimé que le gisement contenait :

300,000 tonnes de minerais à 2 o/o ;
100,000 tonnes de minerais à 7 o/o.

Nous pouvons donc assurer à une usine voulant traiter par an 30,000 tonnes de minerai de 2 o/o et 10,000 tonnes à 7 o/o sa consommation pour dix années et à un prix de vente sur le carreau de *quatre* roubles la tonne.

Recherches a effectuer.— Notre étude de la région nous a amené à conclure qu'il y a lieu de faire des recherches dans les zones d'altération visibles dans la concession d'Allah-Verdi. Ces recherches ont des chances d'amener la découverte de nouvelles lentilles qui seront plus ou moins puissantes.

La zone principale d'Allah-Verdi doit être particulièrement explorée.

Nous avons dit, en outre, que nous avions constaté des altérations en certains points de la région en dehors des concessions; il nous est connu, d'autre part, que des affleurements cuivreux sont connus en divers points.

Nous pensons donc que la région mérite une exploration très attentive, au moins sur une certaine zone à droite et à gauche du chemin de fer. Cette exploration amènera probablement la constatation de l'existence d'autres gisements. La création d'une usine de traitement à côté du chemin de fer aidera à motiver leur mise en exploitation, ce qui permettrait d'essayer la centralisation en un point du traitement des minerais de cette région.

Le 4 Octobre 1897.

Ad. BRALY.

AKTALA

GÉOLOGIE DU RAVIN D'AKTALA

(*Plans 10 et 11*). — A Aktala, comme à Allah-Verdi et à Tchamlouk, une zone puissante d'altération existe, elle se limite à un dôme très épais de roche verte qui présente de fortes ondulations et qui constitue son toit.

Dans les crêtes qui surmontent ce dôme, on constate l'existence de couches horizontales qui ont été classées dans le jurassique.

Dans la zone d'altération, moins argileuse que celle d'Allah-Verdi, on trouve des bancs de conglomérats altérés, presque verticaux, chargés de cristaux de pyrite de fer. Ils semblent se suivre assez bien en direction.

Ce dôme et les terrains altérés du dessous sont très visibles dans le ravin d'Aktala et sur les deux versants.

Deux lambeaux d'une coulée basaltique horizontale sont venus ultérieurement buter contre les terrains altérés. Sur l'un est placé le monastère d'Aktala.

Des dykes peu puissants de roches vert clair recoupent la zone d'altération et viennent buter nettement contre le dôme rocheux qui constitue le toit de cette zone.

Les terrains affectés par l'altération paraissent être inférieur au jurassique, mais la venue métallifère serait post-jurassique comme à Allah-Verdi.

Du gisement. — Le gisement d'Aktala connu depuis longtemps, et dont la réputation s'est faite sur la teneur en métaux précieux de ses minerais, a été attaqué par un certain nombre de galeries à flanc de coteau qui sont venues buter contre le dôme de roche verte et qui l'ont suivi dans ses ondulations.

Ces galeries portent les noms de :

Saint-Georges, Sainte-Lucie, Polykron, Vladimir, Kazna, Eminoglé, Sainte-Marie.

Actuellement, aucun de ces travaux n'est accessible, mais les restes des tas qui existent sur les haldes indiquent que les travaux sont arrivés en certains points au minerai et que ces minerais sont de compositions assez diverses.

J'ai constaté sur les haldes la présence de minerais blendeux, galéneux, de tas de chalcopyrite, de pyrite de fer cuivreuse et, dans certains échantillons, de lamelles de sulfure d'argent.

La barytine de couleur rouge paraît s'y trouver en grande quantité.

Le travail qui a été le plus intéressant est le niveau Saint-Georges qui a été attaqué pour ainsi dire au contact de la roche verte et dans une ondulation très sensible de cette roche. Ce niveau aurait trouvé une espèce de colonne de chalcopyrite presque pure, massive, de 8 à 10 mètres de large et ayant de 1 mètre 50 à 2 mètres d'épaisseur.

Cette colonne a été suivie sur quelques mètres au-dessus de la galerie Saint-Georges et n'a pas été reconnue au-dessous.

J'ai classé par catégorie le minerai que j'ai trouvé sur les haldes des différents niveaux et j'ai donné à l'analyse le résultat de ce classement.

Je donne ci-dessous les analyses du chimiste de Tiflis auquel ils ont été remis :

1° *Minerai complexe. — Blende, galène, chalcopyrite et cuivre gris visible dans une gangue cireuse*

Sulfure de fer	43,32	Fer métal	20,19
Sulfure de zinc	13,96	Zinc métal	9,34
Sulfure de plomb	11,10	Plomb métal	9,61
Sulfure de cuivre	4,61	*Cuivre métal*	3,68
Silice	26,24		

Sulfate de chaux, sulfure d'arsenic, acide phosphorique, magnésie : Traces.

2° *Ce même minerai, mais dans lequel le cuivre gris n'est plus visible.*

Sulfure de fer	43,78	Fer métal	20,43
Sulfure de zinc	14,94	Zinc métal	10,007
Sulfure de plomb	15,81	Plomb métal	13,68
Silice	13,58	*Cuivre métal*	1,42
Sulfure de cuivre	4,93		

Sulfate de chaux, sulfure d'arsenic, acide phosphorique, magnésie : Traces.

3° *Blende noire [échantillon devant renfermer beaucoup d'argent. d'après un rapport ancien]. (Recherche de l'argent seulement.)*

Analyse en cours.

4° *Echantillon avec chalcopyrite prédominante sur la blende. (Recherche pour argent et or.)*

Analyse en cours.

5° *Chalcopyrite massive de Saint-Georges. (Recherche de la teneur en cuivre en argent.)*

Analyse en cours.

6° *Même minerai, mais avec gangue paraissant argentifère. (Détermination de la teneur en argent.)*

Analyse en cours.

Les déductions que l'on peut tirer de l'étude de cette zone d'altération et des travaux exécutés sont : que les minerais semblent se rencontrer de préférence au contact du dôme de roche verte et qu'en outre certaines zones de terrains altérés seront de préférence des zones favorables.

Des recherches sérieuses, attentives, suivies, amèneront la connaissance des lois de répartition de ces minerais. Le champ des recherches est considérable à Aktala, car la zone altérée s'étend à l'est chez le prince Mélikoff, à l'ouest dans la propriété de la Compagnie.

La recherche des minerais d'argent sera surtout intéressante à faire et ce n'est que par des analyses de chaque instant, sur tout échantillon nouveau minéralisé ou en apparence stérile, que l'on arrivera à faire donner à ces recherches le résultat que l'on en attend.

On ne trouvera pas certainement à Aktala des gisements comme celui d'Allah-Verdi ; mais on peut espérer y découvrir des lentilles moins puissantes, mais plus riches ou par places des concentrations de métaux précieux qui pourront donner lieu à une exploitation rémunératrice. L'abandon n'est donc pas justifié et la reprise de recherches rationnelles s'impose donc dans un délai plus ou moins éloigné.

TCHAMLOUCK

Plan II. — A Tchamlouk, les terrains altérés sont encore visibles des deux côtés du ravin de ce nom, et ont aussi une grande étendue — par places, 1 kilom. de largeur.

La zone de couches jurassiques qui les surmonte a été affectée par l'altération.

Les anciennes haldes qui existent sur les deux versants, ainsi que les ruines des anciens fours que l'on peut apercevoir dans le Thalweg, indiquent que l'exploitation a eu une certaine importance autrefois. Actuellement, aucun travail n'est visible dans cette zone.

Les anciens travaux ont trouvé une épaisseur d'un mètre de pyrite cuivreuse comprise entre un banc de quartz minéralisé qui constitue le mur et un toit de gypse. J'ai trouvé sur les haldes de nombreux échantillons de gypse rose.

Dans un ravin secondaire, une attaque dite « d'Utchkilissa » a été faite; elle a trouvé une roche altérée plutôt quartzeuse avec de la pyrite de fer cuivreuse. Autour de cette recherche, j'ai constaté l'existence de tufs andésitiques sillonnés de dykes de roches éruptives.

En résumé, étant donné le peu que l'on sait des travaux anciens et ce que laisseraient supposer les haldes visibles et les ruines des constructions, il y aurait lieu de reprendre quelques-uns des travaux anciens.

USINE ACTUELLE

D'ALLAH-VERDI

RAPPORT

Messieurs,

L'objet du présent rapport est d'étudier la situation de l'usine actuelle en partant des données qui m'ont été fournies par M. Fontaine, administrateur délégué de la Société des Mines d'Aktala. En acceptant pour exacts ces chiffres que je n'ai pas contrôlés, je suis arrivé à la conclusion qu'en 1896 le prix de revient du poud de cuivre avait été de 16 roubles 35 kopeks. Ce prix peut être abaissé, par l'adoption des mesures que j'indique, à 9 roubles 25 kopeks.

C'est sur ce chiffre que j'ai calculé les prévisions financières indiquées dans mon programme de marche pour la période transitoire qui s'écoulera jusqu'à l'ouverture de la nouvelle usine et l'aménagement définitif de la mine.

A ce moment, j'estime, en me basant sur mes propres calculs, que le prix de revient de la tonne de cuivre sera de 1,100 francs, soit un prix de revient par poud de 8 roubles 40 kopeks.

Ad. BRALY.

USINE D'ALLAH-VERDI

Situation de l'usine.

L'usine est située sur la rive droite d'un petit ravin au fond duquel coule un ruisseau à débit faible et variable. Elle est établie sur les conglomérats andésitiques précités.

Elle renferme deux waters-jackets de 1 mètre de diamètre aux tuyères, pouvant passer chacun *dans les conditions actuelles,* un maximum de 20 à 25 tonnes de lit de fusion par jour. Le vent leur est fourni par un Farcot, actionné par un moteur à pétrole « Campbell » de 24 chevaux de force.

Une ancienne locomobile Lincoln de 10 chevaux faisait autrefois ce service ; elle reste comme réserve.

L'affinage du cuivre noir fourni par l'un ou l'autre des water-jacket se fait au spleisofen (type Kédabek).

L'usine a été installée en cascade, le minerai est amené des haldes de la mine sur une plateforme supérieure où il subit le grillage. Le grillage terminé, il est jeté dans un couloir de chute de 8 mètres de hauteur qui le conduit au niveau de la porte de chargement des fours.

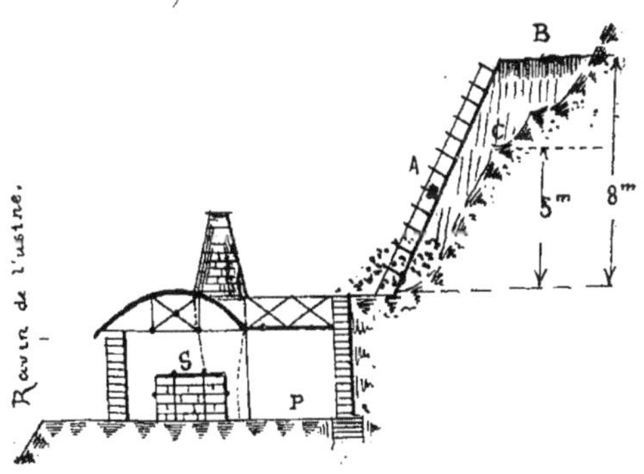

A. Couloir à charbon. — B. Plateforme du grillage minerai. — C. Route de laquelle on jette le charbon. — D. Niveau des water-jacket. — P. Niveau de l'usine et du grillage de la matte.

Le charbon de bois, le calcaire, les scories anciennes sont stockés à ce niveau. Le premier a à subir, du fait du déchargement, qui s'opère sur une route qui domine cette plate-forme, une chute de 5 mètres de hauteur.

Les mattes produites sont grillées en dehors de l'usine et au même niveau, puis elles sont remontées par une voie ferrée en pente pour être stockées sur la plate-forme de chargement des fours. Au niveau de l'usine existent encore sept cases de grillage voûtées, type dit « de Boston », qui ont servi au grillage de la matte.

Elles auraient besoin avant d'être employées à nouveau d'être sérieusement remises en état. Les scories des fours qui sont à repasser sont jetées en tas qui encombrent les portes de l'usine.

Matières premières.

Comme nous l'avons vu, le minerai fourni à l'usine est du ferrugineux dur ou du plâtré de 6 1/2 à 7 o/o de teneur en cuivre. Les analyses faites sur ces minerais sont indiquées dans le rapport de mine qui précède.

On passe aussi des scories grecques anciennes qui ont une teneur de 2 o/o de cuivre minimum. Des tas assez considérables de ces scories existent en dessous du découvert de Gavrilovski.

Le combustible fourni à l'usine est de charbon de hêtre extrêmement mal cuit pour emplois métallurgiques ; il subit en outre, comme nous l'avons vu, une chute de 5 mètres de hauteur qui donne 20 o/o de menus au moins.

On trouve assez facilement dans la région du calcaire, de la silice et même on peut se procurer des oxydes de fer et de manganèse.

Les matériaux réfractaires de construction peuvent aussi se trouver dans la région.

Je note que la Compagnie d'Aktala est autorisée à prendre dans les forêts de l'Etat 1,638 tonnes de charbon de bois ou seulement 100,000 pouds par an.

Méthode de traitement métallurgique.

La méthode suivie jusqu'à ce jour à Allah-Verdi pour les opérations de fusion des minerais est la « Méthode continentale suédoise ».

Les opérations effectuées sont les suivantes :

1° Grillage des minerais crus en tas ;

2° Fusion des minerais grillés pour matte à 20 o/o de cuivre. (On a fait pendant une certaine période un essai de marche avec mélange de minerais crus et de scories, essai qui aurait très bien réussi) ;

3° Grillage de la matte en tas à plusieurs feux ;

4° Fusion de la matte grillée pour cuivre noir à 85 o/o ;

5° Affinage et raffinage du cuivre noir au réverbère pour cuivre marchand.

Description des opérations.

Nous allons passer successivement en revue ces diverses opérations, nous basant sur les chiffres de dépenses à nous fournis pour l'exercice 1896.

1° Transport et grillage du minerai. — Le transport de la mine à l'usine s'effectue sur des chemins à fortes pentes par places et au moyen de chars ou « povoskas » traînés par un cheval. Ces chars, ouverts de toutes parts, donnent par les heurts du chemin des pertes de route considérable.

Le contracteur du transport est aussi celui du grillage et de tout ce que l'on peut constater ; il résulte qu'il cherche par tous les moyens possibles à léser la Compagnie.

Il ne soigne ni la confection des tas, ni la couverte, ni la marche de l'opération ; il s'intéresse uniquement de la dépense de bois qui est à sa charge et qu'il tient par conséquent à réduire au minimum.

Un loup se forme-t-il, il ne le casse pas ou incomplètement ; en un mot, le travail, peu contrôlé, est très mal exécuté.

Je note que la plate-forme du grillage est très mal entretenue.

2° Fusion pour mattes. — Comme nous l'avons vu, le minerai grillé arrive au niveau des portes de chargement du four après avoir subi une chute de 8 mètres de hauteur. Il arrive au bas avec une proportion de fins de 30 o/o environ.

Le charbon donne aussi par suite de ses conditions d'entrepôt une proportion de fins d'environ 20 o/o.

Le combustible menu est passé comme le gros et le minerai fin n'est pas aggloméré.

Voici quels ont été les résultats de cette opération pour l'année 1896 :

On a passé au four :

2,326 tonnes de minerai cru ou grillé et on a recueilli 39,165 pouds de matte grillée.

Les minerais avaient coûté 22,040 fr. 49.

La matte a coûté, pour sa fusion et son grillage, 59,382 fr. 64, dont voici détail :

Fournitures de magasin	1.345,93
Fondants	1.078,41
Combustible charbon	16.717,57
Transport et grillage de la matte	2.813,34
Chauffage de la machine	3.120,05
Main-d'œuvre	6.855,01
Frais généraux, entretien divers	27.444,33
	59.382,64

Les frais de traitement par tonne de minerai sont donc les suivants :

Fournitures de magasin	0,58
Fondants	0,47
Combustible (près de 40 pouds)	7,15
Transports, grillage	1,22
Force motrice	1,35
Main-d'œuvre	2,95
Frais généraux, entretien divers	11,81
	25,53

La tonne de minerai traité a donné en moyenne 16 pouds 83 de matte et a réclamé 40 pouds de charbon, soit 66 o/o. Les frais généraux rentrent pour 45 o/o dans ce prix.

3° Grillage de la matte. — Le grillage de la matte, qui devrait être soigné, est donné à l'entreprise. L'entrepreneur grec doit fournir le bois et la main-d'œuvre, le charbon de bois étant fourni par la Compagnie.

L'entrepreneur, peu contrôlé, met naturellement beaucoup de charbon, peu de bois. Le grillage, de ce fait, est mal fait ; des loups se forment qui, souvent trop durs, disparaissent aux ravins ; la plate-forme, d'autre part, étant mal entretenue, peu régulière, il se produit des pertes de poussière, d'entraînement, etc.

4° Fusion pour cuivre noir. — La fusion pour cuivre noir s'effectue au water-jackets et au charbon de bois.

Les matières premières étant mauvaises, le charbon de mauvaise qualité, la matte mal grillée, on a une marche lente, production forte de matte blanche. La consommation de charbon de bois s'est élevée à 65 et 70 o/o de la matte.

Le produit, commençant à devenir marchand, excite les ouvriers à voler, d'autant mieux qu'ils trouvent des acheteurs connus dans le village même et que la surveillance fait défaut la nuit.

En 1896, on a passé 30,702 pouds de matte pour cuivre noir pour une somme de 61,109 r. 25, soit au prix moyen de 1 r. 987 le poud.

Il a été produit 5,370 pouds de cuivre noir, ayant coûté 68,613 r. 74 avec la matte, soit un prix moyen de 12 r. 77 le poud.

Ci-dessous, je donne le détail des dépenses :

	Dépenses totales.	Par poud de minerai.	Par tonne de matte.
	—	—	—
Charbon	4.248,33	0,1383	0,791
Fondants	221,86	0,0072	0,041
Main-d'œuvre	1.185,54	0,0386	0,220
Frais généraux, réparations, entretien	844,57	0,0275	0,157
Chauffage de la machine	823,29	0,0268	0,153
Totaux...	7.324,49	0,2384	1.366

5 pouds 78 de matte ont donné 1 poud de cuivre noir. Le rendement de la matte en cuivre a été de 17.48 o/o.

5° Affinage. — L'affinage a lieu dans un petit réverbère ou « spleissofen » chauffé au bois. Ce réverbère aurait besoin d'être exhaussé, car souvent ses fondations et son socle, voire même la sole, sont humides au moment des grandes pluies. Il est placé sur le passage des eaux pluviales du versant auquel est adossé l'usine.

En 1896, il a été traité 5,366 pouds de cuivre noir, coûtant 68,371 r. 74 ayant donné 4,537, pouds de cuivre affiné.

Les frais de traitement, dans lesquels nous comptons l'impôt sur le cuivre produit, sont de 5,571 r. 60, dont ci-dessous détail.

	DEPENSES		
	Totales.	Par poud de cuivre noir.	Par poud de cuivre affiné.
	—	—	—
Impôt sur la production	3.404 56	0.634	0.750
Chauffage du spleissofen	854 63	0.159	0.188
Force motrice	646 39	0.120	0.142
Main-d'œuvre, entretien	606 71	0.113	0.133
Fournitures diverses	59 31	0.011	0.013
	5.571 60	1.038	1.227

Le prix de revient du cuivre affiné a été de 16 r. 35 le poud.

Rendements.

Des résultats précédents, il ressort que la tonne passée au four a donné :

Matte....................	16 pouds 83
Cuivre noir...............	2 pouds 94
Cuivre affiné.............	2 pouds 49

C'est-à-dire que nous aurions les rendements suivants en cuivre affiné :

Pour le minerai..........	4.14 o/o
Pour la matte...........	14.79 o/o
Pour le cuivre noir.......	84.55 o/o

Recherche des causes de l'élévation du prix de revient.

Nous voyons qu'en suite du traitement métallurgique, les minerais ayant une teneur minima de 6.30, comme il a été estimé, donnent un rendement de 4.14 o/o; la perte en cuivre au traitement métallurgique est donc de :

$$\frac{6.30 - 4.14}{6.30} = 34 \text{ o/o}$$

Avec des opérations métallurgiques bien conduites, elle devrait être au maximum de 15 o/o (étant donné que l'on repasse des scories anciennes à 3 o/o).

Cette perte considérable provient de plusieurs causes, dont les principales sont :

1° Pertes dans les scories par suite de la mauvaise marche ;

2° Pertes provenant de la manière dont la matte est grillée avec remaniement de halde nombreux et transports ;

3° Pertes provenant des poussières de grillage des minerais et de la production et du passage au four de minerais menus;

4° Vols de cuivre noir.

Supposons que nous n'ayons que cette perte et que nous récupérions les 19 o/o perdus actuellement ; dans ces conditions, nous aurions eu une production en cuivre affiné de :

$$1823 \times 0.063 \times 0.85 \times 61 \text{ pouds} = 5,954 \text{ pouds}.$$

c'est-à-dire que chaque poud serait revenu, en ne tenant pas compte de l'impôt, à :

$$\frac{70.781 \text{ r. } 34}{5.954} = 11 \text{ r. } 88,$$ au lieu de 15 r. 60 ou 12 r. 65 en en tenant compte.

Nous allons montrer que si le traitement métallurgique a lieu d'une façon tant soit peu rationnelle, si l'on emploie au moins en fraction des combustibles durs tels que l'anthracite qui pourra arriver à être plus économique à Allah-Verdi que le charbon de bois, si la production de la mine est doublée seulement, on peut abaisser encore dans une notable proportion le prix de revient.

Mais, pour ce, il faut faire des analyses, calculer les lits de fusion et surtout avoir la pression du vent plus forte, soit une pression de 40 à 45 centimètres d'eau ; actuellement elle varie de 20 à 25 centimètres.

Nous avons su que les frais d'extraction et de traitement métallurgique par tonne de minerai traitée étaient les suivants :

Fusion pour matte	25,23
Fusion pour cuivre noir	4,01
Affinage	1,89
Prix de la tonne minerai	9,47
Transport et impôt 3 p. 10 l. $\times$ 1,05	3,45
	44,35

Or une tonne de minerai rendra, en réduisant la perte à 15 o/o de la teneur, 53 kil. 55, c'est-à-dire 3 pouds 13 livres de cuivre qui, au cours de 11 roubles le poud Tiflis, valent 36 r. 66.

Il faudrait donc pour équilibrer recettes et dépenses baisser le prix de la tonne de minerai traitée de 44 r. 05 — 36 r. 66 = 7 r. 39.

Économie sur l'extraction. — Les frais généraux, dans le cas d'une extraction double, baissent de moitié ; ils seront donc réduits à 5 r. 95.

En donnant beaucoup de soins à l'extraction, on pourrait probablement baisser le prix de la tonne sur le carreau à 7 r. 47, soit économiser 2 roubles.

Économies sur le grillage, transport et fusion pour matte. — Nous avons vu que l'on dépensait 40 pouds de charbon de bois par tonne de minerai, c'est-à-dire 66 o/o du poud du minerai.

Nous supposerons 33 o/o seulement, ce qui est encore un trop gros maximum ; de ce fait, nous aurons une économie de $\frac{7,15}{2} = 3$ r. 57.

Le transport et grillage peut être effectué pour 1 rouble et moins.

Par suite de la marche plus intensive du traitement, les arrêts seraient annulés et nous pourrions comprendre la force motrice pour 1 rouble, la main-d'œuvre pour 2 roubles au lieu de 2,95.

Fusion pour cuivre noir. — Nous pourrons réduire de 30 o/o la main-d'œuvre, les frais généraux et l'article machine, soit une économie de 0,031.

Affinage. — Nous ferons les mêmes réductions dans cet article, d'où économie de 0.09.

Résumant ces économies diverses, nous pourrons voir à combien peut revenir avec la méthode actuelle, dans le cas d'emploi au moins partiel de combustible dur, de pouvoir calorifique plus élevé que le charbon de bois, à combien peut revenir, dis-je, le poud de cuivre. Nous avons par tonne traitée :

Réduction des frais généraux........................Roubles.	5.95
Diminution du prix de revient de la mine........................	2 »
Grillage et fusion pour matte : Economie de combustible.........	3.57
Economie sur transport, force motrice, main-d'œuvre...........	1.52
Economie sur fusion pour cuivre noir........................	0.03
Economie sur l'affinage........................	0.09
Total....................Roubles.	13.16

Si nous retranchons de cette économie la perte qu'il fallait couvrir, soit 7 r. 35, nous voyons que le bénéfice par tonne de minerai traité ressort à 5 r. 81. A raison de 3 pouds 13 livres de cuivre que doit donner la tonne de minerai traité, ce bénéfice se traduit par 1 r. 75 par poud de cuivre produit, c'est-à-dire *que le poud de cuivre rendu Tiflis 11 roubles, reviendrait à 9 r. 25 k. environ rendu Tiflis*, dans les conditions énoncées plus haut, c'est-à-dire dans le cas où l'on passe de 4,600 tonnes de minerai à l'usine et où l'on peut employer de l'anthracite du Donetz comme combustible, c'est-à-dire dans le cas où le chemin de fer est construit au moins jusqu'à mi-chemin entre Tiflis et la mine.

Modifications à la consistance de l'usine actuelle pour traiter 5,000 tonnes.

Dans l'état actuel, chaque water-jacket passe au maximum de 20 à 25 tonnes par jour et donne des mattes à 20 o/o. Il ne peut passer plus, et, pourtant, il devrait passer 40 tonnes ; mais, pour cela, il faudrait employer l'anthracite et surtout augmenter la pression du vent, c'est-à-dire changer le ventilateur actuel qui ne donne que 20 à 25 centimètres de pression.

Il y aurait lieu aussi de construire un autre water-jacket, de façon à en avoir deux marchant pour mattes et un pour cuivre noir.

Enfin, il faudrait déplacer le spleissofen pour les raisons indiquées plus haut ;

Construire une maison pour la surveillance de jour et de nuit; améliorer les stocks de matière première en construisant une balance sèche pour les minerais grillés, et, enfin, construire une barrière autour de l'usine.

Les plates-formes de grillage devant être nivelées et damées pour éviter les pertes.

Le matériel d'usine doit être augmenté de deux ou trois wagonnets.

Ces dépenses sont estimées, dans mes prévisions, pour 8,000 roubles.

Produits secondaires à recueillir.

Les eaux de la mine étant très chargées en cuivre, comme j'ai pu le constater, il y aurait lieu d'installer une petite cémentation pour en recueillir le cuivre. De vieilles ferrailles existent à Allah-Verdi.

En outre, je note pour mémoire que le soufre se vend à Tiflis 1 r. 20 le poud ; il y aurait donc lieu de s'intéresser, autant que possible, à le recueillir au grillage.

Le toit de gypse, d'autre part, pourrait donner du plâtre excellent;

il est imprégné de pyrite de fer, ce qui en rend le grillage plus facile, plus économique, sans nuire à la qualité finale du produit.

Le chemin de fer terminé, on pourrait essayer la vente du plâtre à Tiflis, où actuellement le poud se vend o r. 5o k. le poud.

Le 4 octobre 1897.

AD. BRALY.

Paris. — Société anonyme de l'imp. KUGELMANN (G. Balitout, direct.), 12, rue Grange-Batelière.

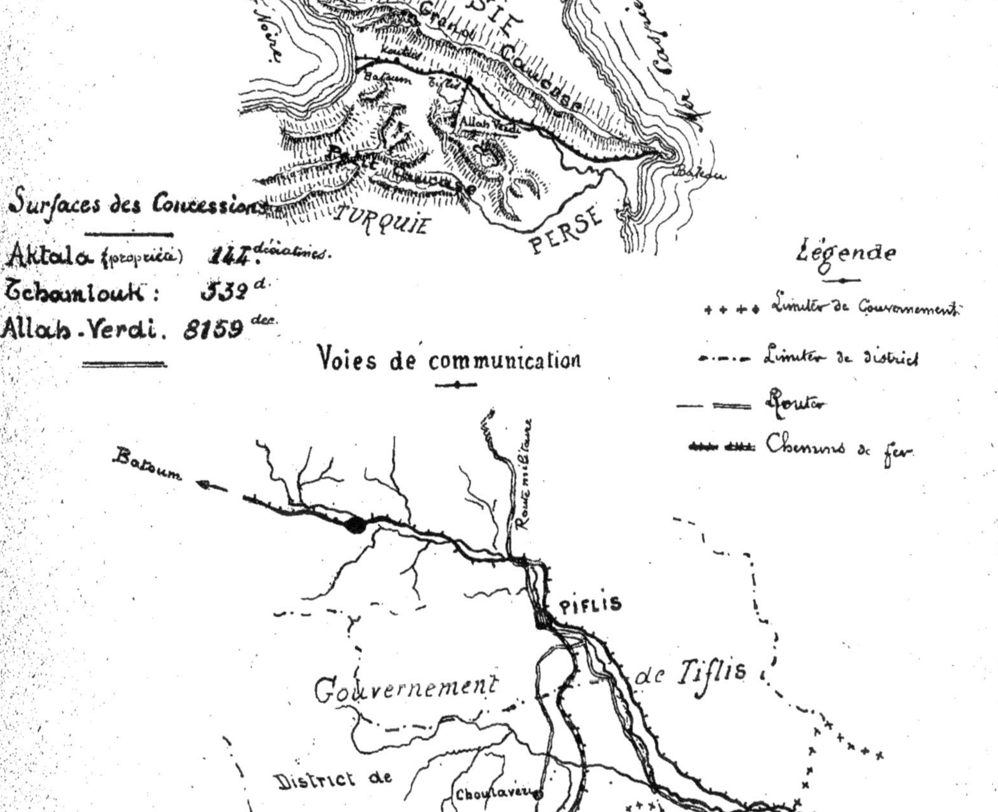

RUSSIE
Grand Caucase
Mer Noire
Mer Caspienne
Batoum
Tiflis
Allah Verdi
Bakou
TURQUIE
PERSE
Surfaces des Concessions
Aktala (propriété) 144 déciatines.
Tchamlouk : 332 d.
Allah-Verdi. 8159 dec.
Légende
Limites de Gouvernement
Limites de district
Routes
Chemins de fer
Voies de communication
Batoum
Route militaire
TIFLIS
Gouvernement de Tiflis
District de Choulaveri
Choulaveri
Sadakhlo
Aktala
Allah-Verdi
Kours R.
Bakou
Gouvt d'Elisavetpol.
Kars
Gouvernt d'Erivan

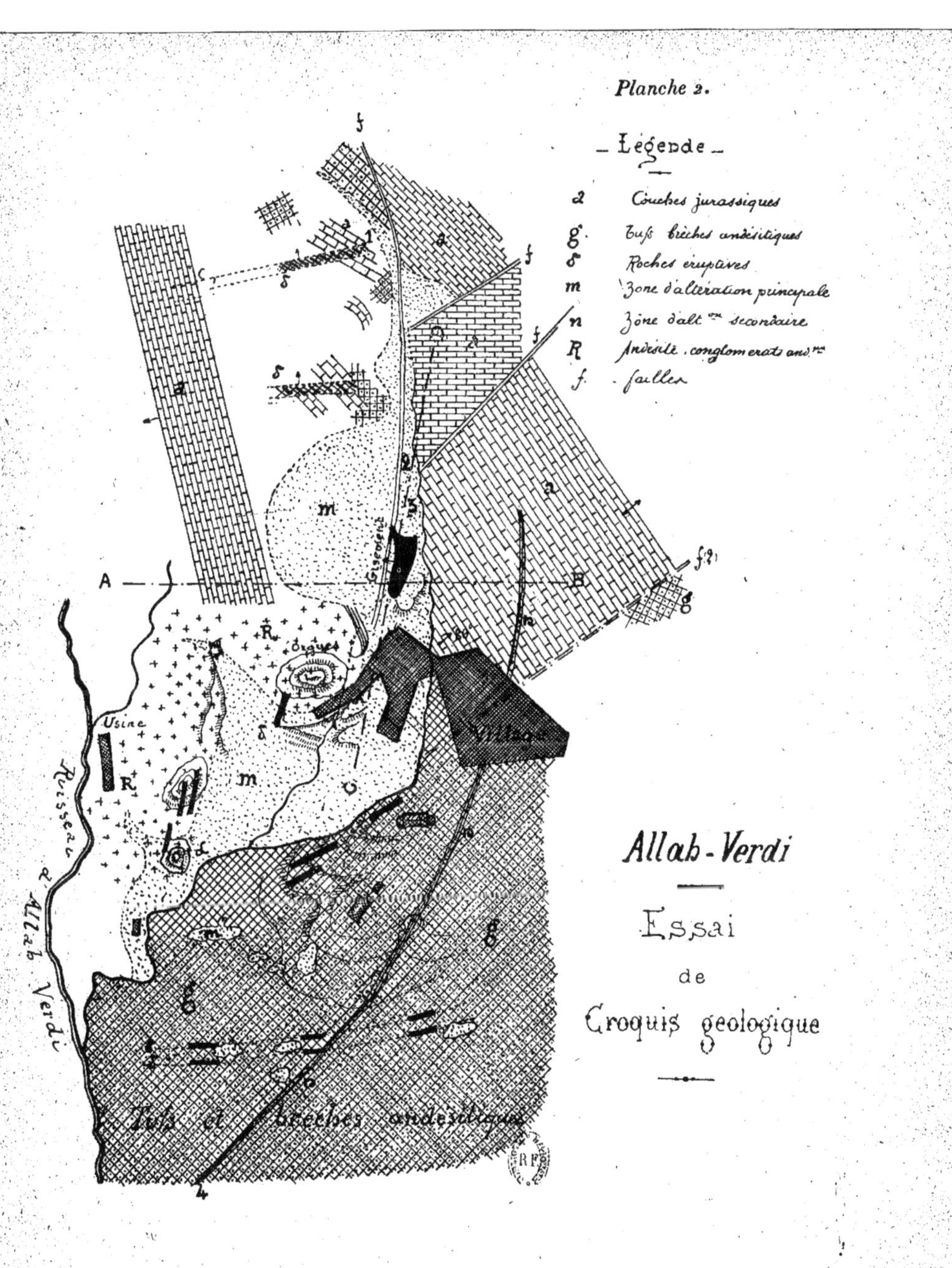

Planche 2.
— Légende —
a Couches jurassiques
g. Tufs brèches andésitiques
δ Roches éruptives
m Zone d'altération principale
n Zone d'alt.on secondaire
R Andésite, conglomérats and.ues
f. failles
Allah-Verdi
Essai
de
Croquis geologique
A
B
Orgues
Usine
Village
Ruisseau d'Allah Verdi
Tufs et brèches andésitiques

Planche 3.

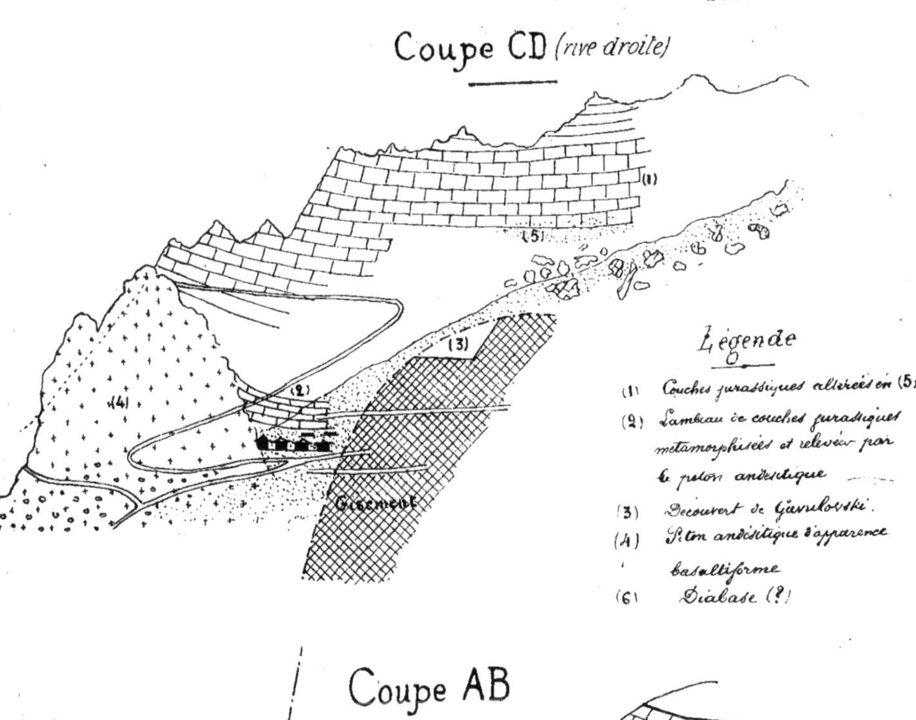
Coupe CD (rive droite)
(1)
(5)
(3)
(2)
(4)
Gisement
Légende
(1) Couches jurassiques altérées en (5)
(2) Lambeau de couches jurassiques métamorphisées et relevées par le piton andésitique
(3) Découvert de Gavrilovski.
(4) Piton andésitique d'apparence basaltiforme
(6) Diabase (?)

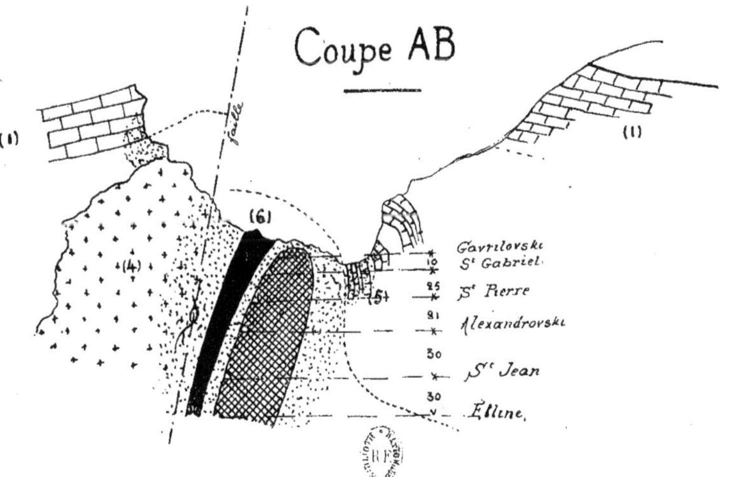
Coupe AB
(1)
faille
(1)
(6)
(4)
(5)
Gavrilovski
10
St Gabriel
25
St Pierre
21
Alexandrovski
30
St Jean
30
Elline

Planche 4.

Développement du
Gisement d'Allah Verdi
sur son plan méridien
Découvert
Gavrilovski
Niveau St Gabriel
5000T d.p.a
St Pierre
5000T dp.a
Sous-Etage
Alexandrovski
5000T. dp.a
2000T d.p.a
St Lucien
St Jean
Limite
Poincon de gypse
20000T vierge
Niveau 21
Puits Elisa
Gypse.
Dépilages des anciens
Minerais riches en place.

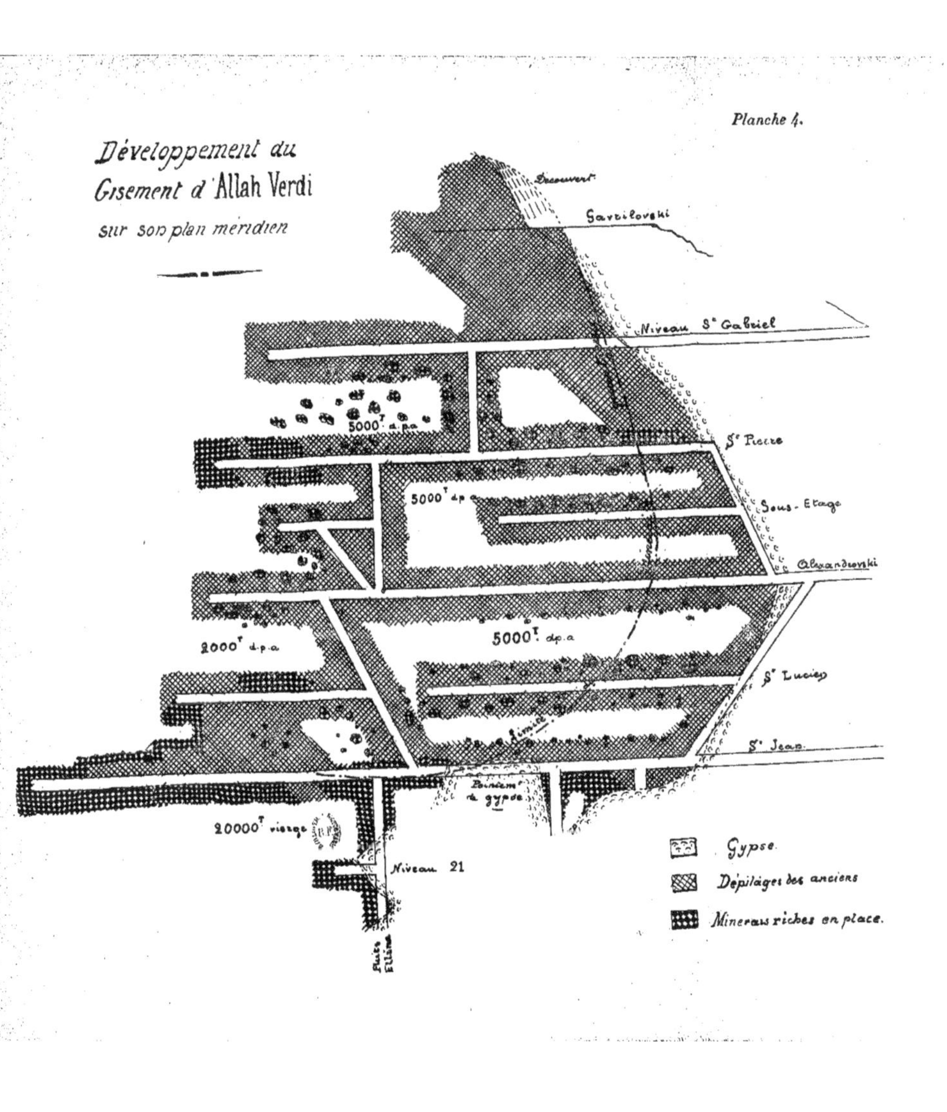

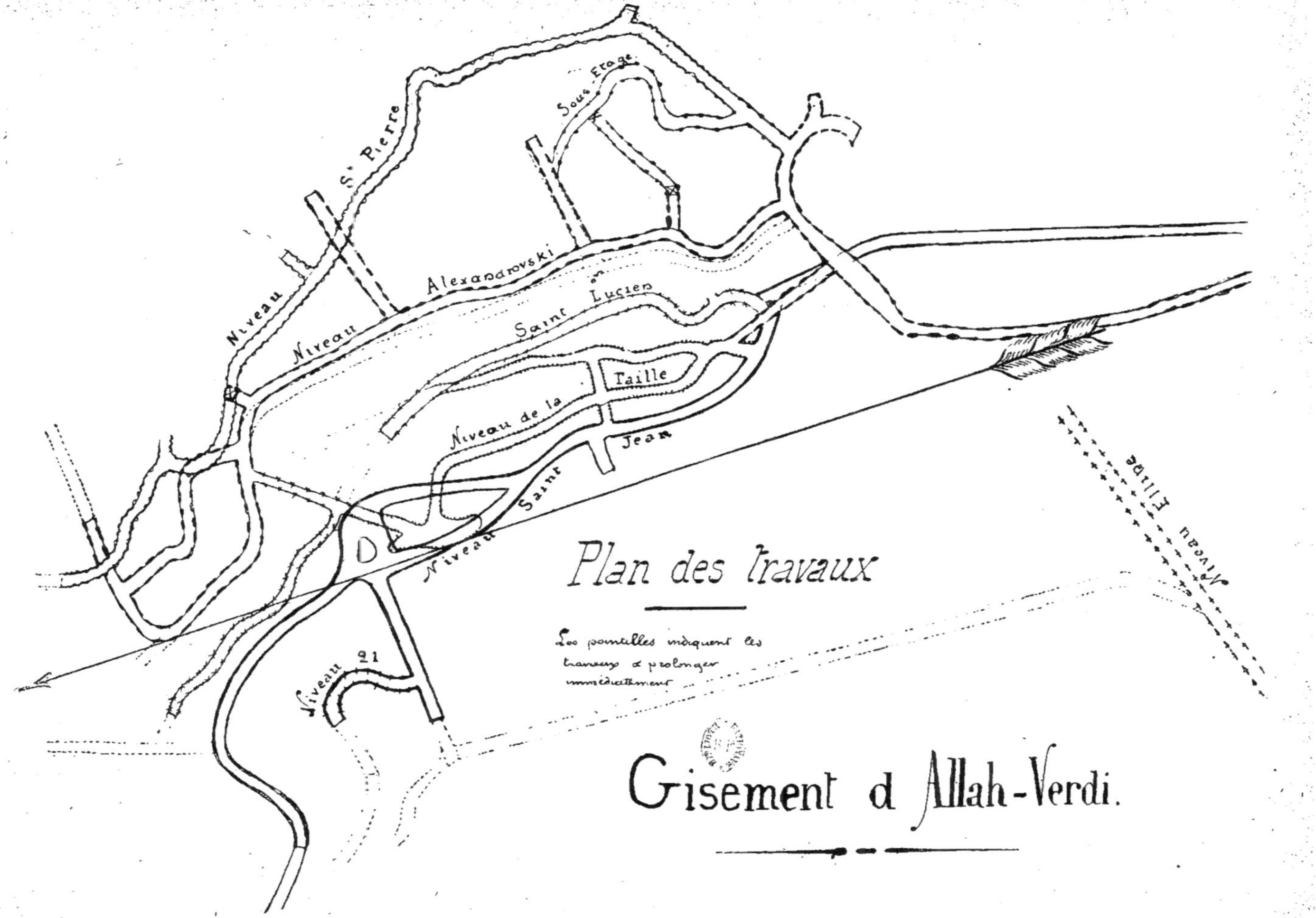

Gisement d Allah-Verdi.

Plan des travaux

Les pointilles indiquent les travaux à prolonger immédiatement

Niveau St Pierre
Sous Etage
Niveau Alexandrovski
Saint Lucien
Taille
Niveau de la
Niveau Saint Jean
D
Niveau 21
Niveau Ellipse

Planche 6.

Légende des planches. 6.7.8.9

Gypse

Post (Minerai pauvre)

Minerai quartzeux

Minerais riches (dépilés)

idm (en place)

Filons de roches vertes

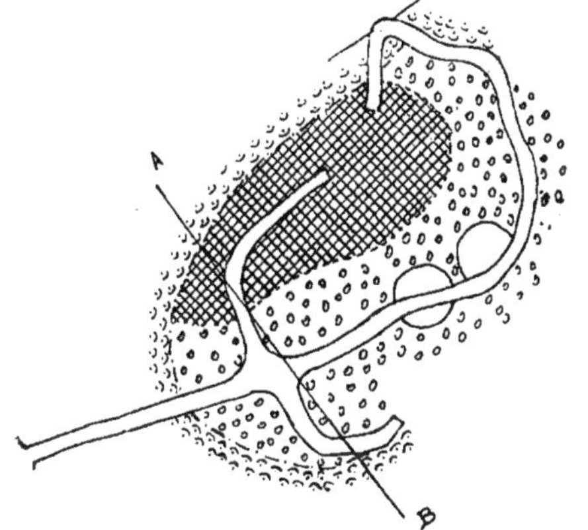

Niveau Gavrilovski

AB Limite du découvert

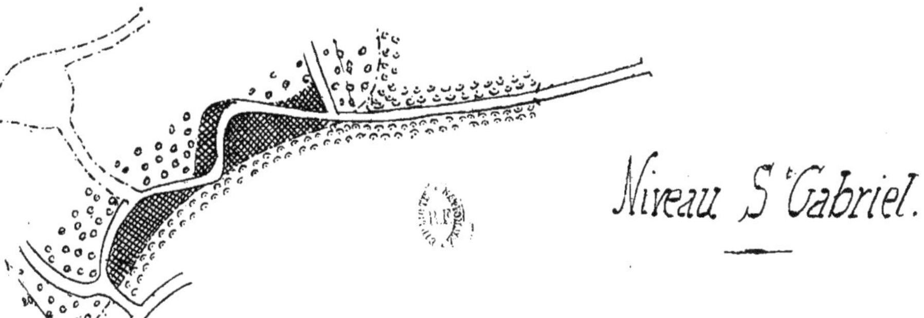

Niveau St Gabriel.

Planche 7.

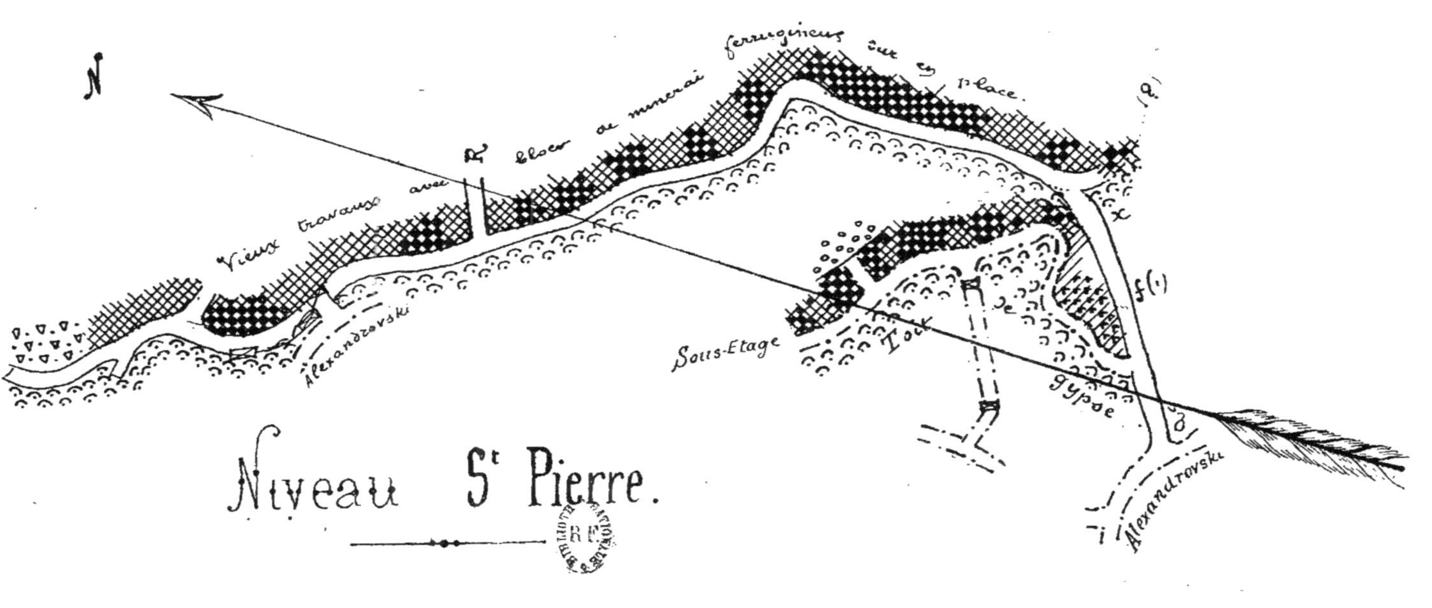

Niveau S[t] Pierre.

Planche 8.

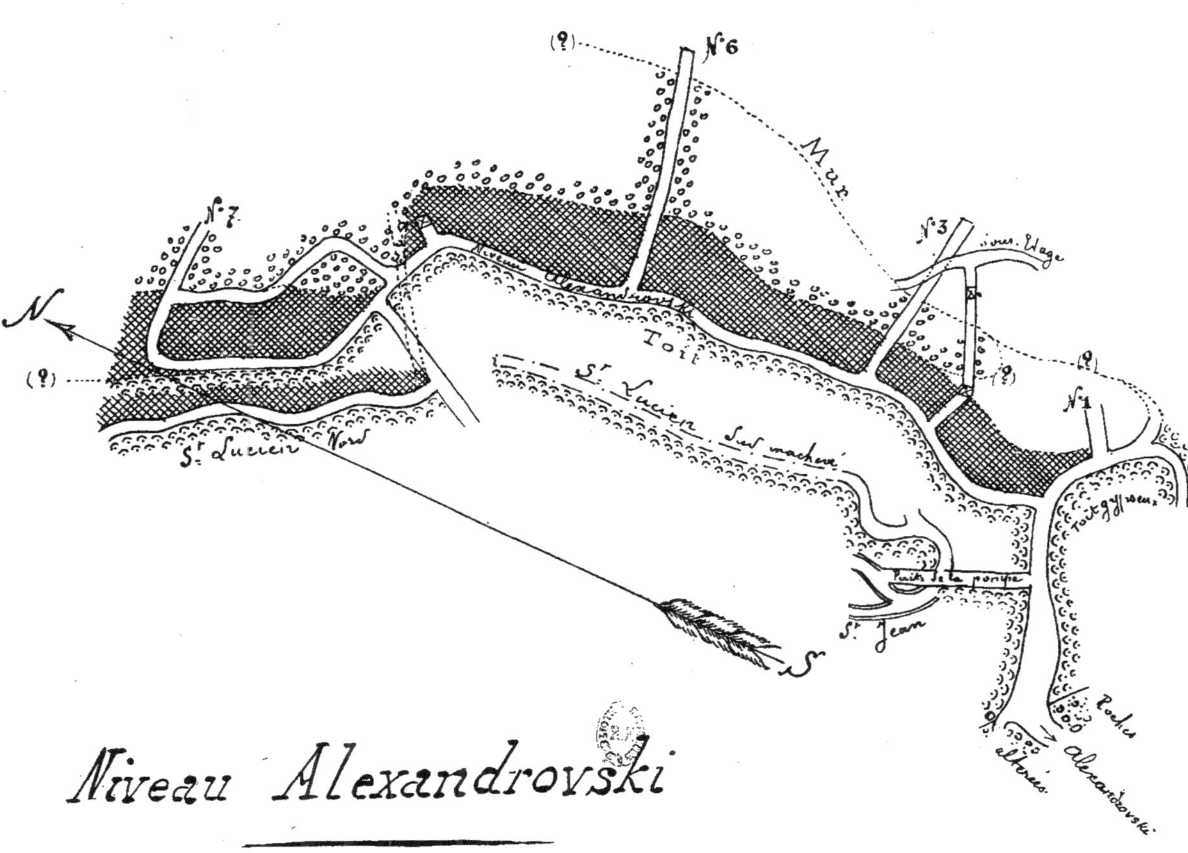

N°6
Mur
N°3
N°1
N°7
N
S
Toit
St Lucien Sud inachevé
St Lucien Nord
Puits de la pompe
St Jean
Roches
altérées
Alexandrovski
Niveau Alexandrovski

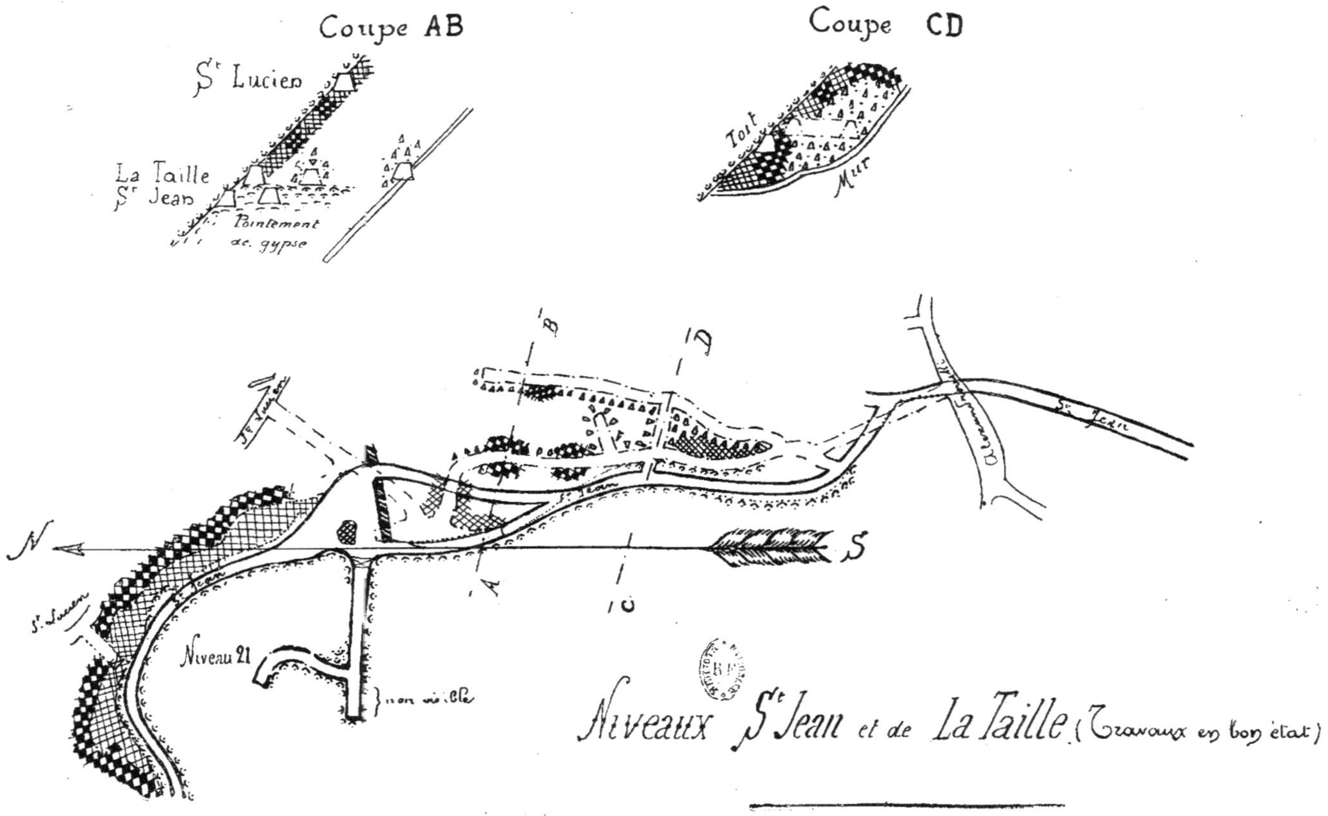

Coupe AB

St Lucien

La Taille

St Jean

Pointement de gypse

Coupe CD

Toit

Mur

N

S

A

B

C

D

St Lucien

St Jean

Niveau 21

non visible

Niveaux St Jean et de La Taille (Travaux en bon état)

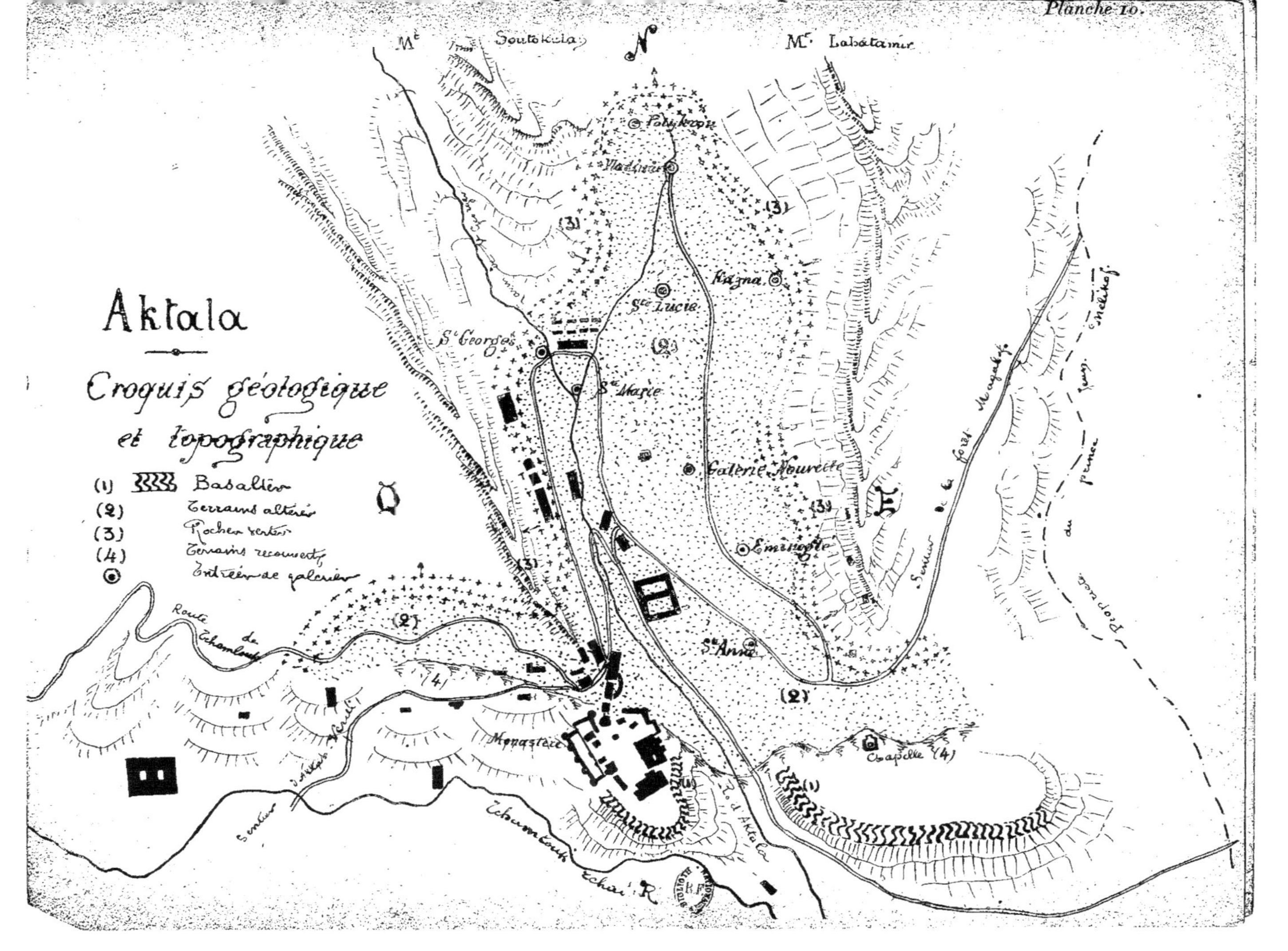
Aktala
Croquis géologique
et topographique
(1) Basaltes
(2) Terrains altérés
(3) Rochers verts
(4) Terrains recouverts
Entrée de galeries
Mt Soutokula
N
Mt Labatamir
Polykarpe
Vladimir
(3)
Kazna
Ste Lucie
St Georges
Ste Marie
Galerie Nouvelle
Emmanuel
Ste Anne
(2)
Route de Tchamlough
(4)
Monastère
Chapelle (4)
(1)
Tchamlough Tchaï R.
Sentier
R. d'Aktala
Sentier de la forêt Magalof
Propriété du prince Melikof

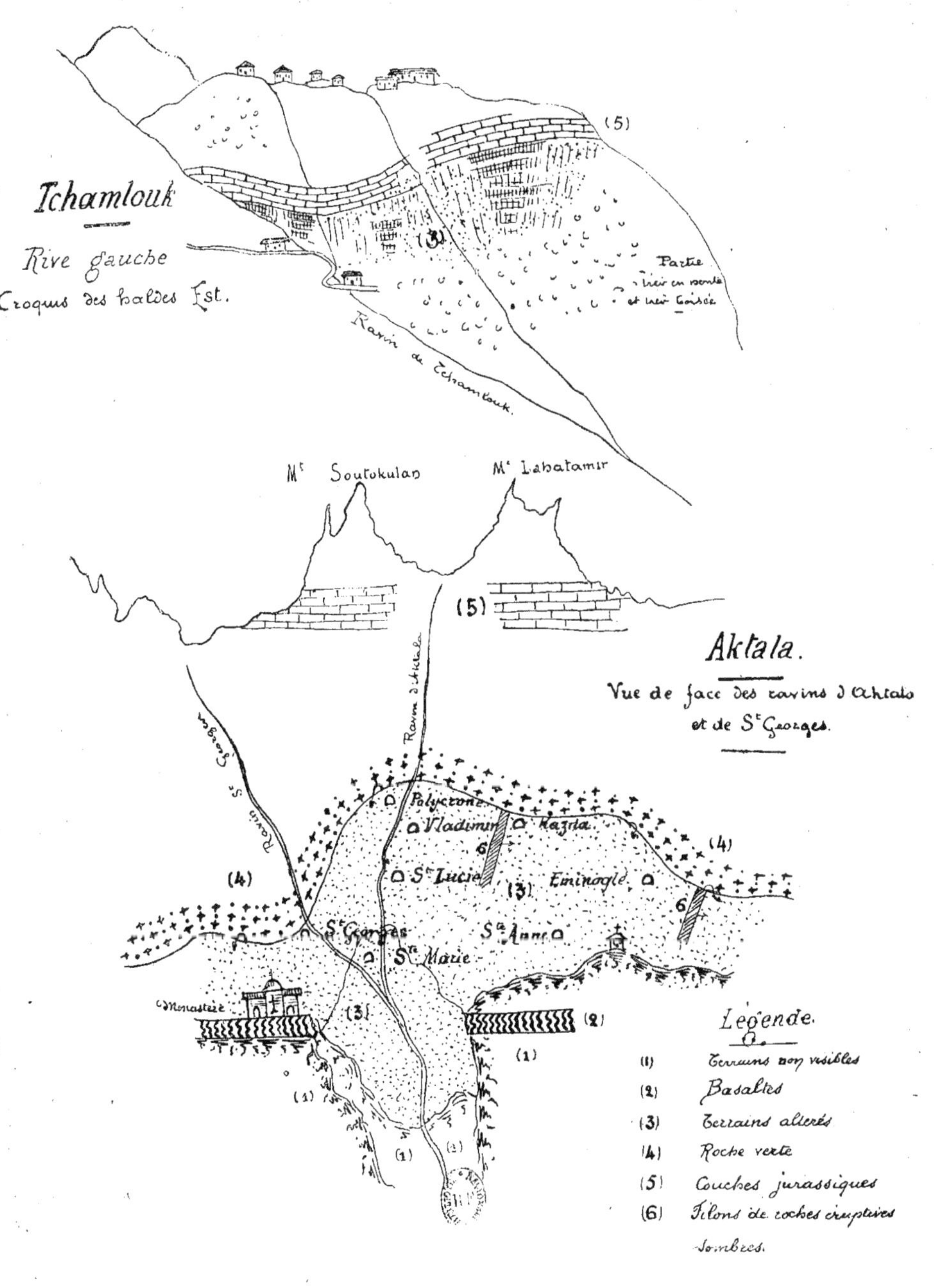
Tchamlouk
Rive gauche
Croquis des baldes Est.
(5)
(3)
Partie très en pente et très boisée
Ravin de Tchamlouk
Mt Soutokulan
Mt Labatamir
(5)
Aktala.
Vue de face des ravins d'Aktala et de St Georges.
Ravin St Georges
Ravin d'Aktala
Polyctone
Vladimir
Kazila
6
(4)
(4)
St Lucie
(3)
Eminoglé
6
St Georges
Ste Anne
Ste Marie
Monastère
(3)
(2)
(1)
(1)
(1)
(1)
Légende.
(1) Terrains non visibles
(2) Basaltes
(3) Terrains altérés
(4) Roche verte
(5) Couches jurassiques
(6) Filons de roches éruptives sombres.